JN059156

# 基礎数学

整数を題材に数学の基本を学ぶ

赤塚 広隆 〔著〕

学術図書出版社

# はじめに

　本書は，高等学校で数学を学習した初年次の大学生を対象に執筆された．主要なテーマは初等整数論である．本書の目的は大きく2つある．1つは整数に親しみを持ってもらうことである．もう1つは，数学を学ぶときに共通して必要となる基本的な考え方を身につけてもらうことである．

　小学校の算数で「$9876 \div 54 = 182$ あまり 48」といった計算を勉強したと思う．この割り算の考え方を基本として整数の性質を調べていく．割り算の余りに注目した計算法である合同式という考え方がある．著名な合同式であるフェルマーの小定理 (定理 14.4) の証明を本書の目標とする．物足りなく感じる読者のため，フェルマーの小定理の拡張であるオイラーの定理や，RSA暗号の概要についても簡単に説明した．集合や写像といった数学の基本的な考え方を身につけてもらうことも目的としているので，基本的な考え方そのものについてもページを割いて説明した．また，集合や写像などを使った方が自然と思われる部分については，難しくなりすぎない範囲でそれらを積極的に使う立場をとった．

　本書はやや易しい内容，やや難しい内容が混在している．たとえば，第3章の「整数の除法」や，第14章の「指数法則」はほとんどの学生が知っていると思う．一方で，第2章の「集合」や第15章の「写像」は，初めて学習する人にとってはやや難しく感じられると思う．また，第12章の「素因数分解」で述べられている事実はほとんどの学生が知っていると思うが，証明を追うのはとても難しく感じると思う．高等学校までどのように数学を学習してきたかは人によって違いがあると思うが，どのような学生にとっても理解できる部分があり，かつ新しく学ぶ部分があるようにしたつもりである．また，途中で理解できないことがあるために以降の内容をまったく理解できない，ということがないように心がけ

た．わからないことがあった場合，理解できるまで考え抜くことが望ましいが，「何がわからないか」ということを明確にしてとりあえず先に進んでも大きな問題はないと思う．とにかく，わからないことがあっても諦めず，少なくとも第 I 部の最後まで読み進めていただくことを期待したい．

2024 年の改訂にあたり，内容全体の修正，章の配置を一部変更したことに加え，第 II 部 (第 18 章 〜 第 22 章) および付録の A.4 節を加筆した．これらの章や節では，オイラーの定理や RSA 暗号の原理，暗号の計算に有用な整数の位取り表記法 ($q$ 進法表示) などが扱われている．第 I 部の内容に物足りなさを感じる読者はこれらの内容にもぜひ取り組まれたい．

本書で頻繁に用いられる基本的な用語や記号を説明しておく．用語の意味がわからなくなった際に参照すること．

- **定義**：言葉を約束するときに用いる．
- **定理, 命題, 補題**：論理を積み重ねて得られた結果のこと．重要度の最も高いものを「定理」，定理ほどではないものを「命題」，定理や命題を示す際に必要なものを「補題」という．本来，「命題」は真偽が決まる主張のことをいうのだが，断りのない限り，本書では真なる命題のみを「命題」ということにする．
- **系**：得られた定理などから直ちに従う結果のこと．
- $\leqq$ のことを $\leq$, $\geqq$ のことを $\geq$ と記す．
- 証明の終わりを ▌ で表す．

# 目　　次

# 第Ⅰ部

# 基礎編

# 1

# さまざまな数, 背理法

　我々は高校までの数学でさまざまな数を学習してきた. それらを簡単におさらいしておく.

┃**定義 1.1** (自然数)　　$1, 2, 3, 4, 5, \ldots$ を**自然数**という[1].

　自然数は足し算, 掛け算について閉じている. つまり, (自然数)+(自然数) は常に自然数になるし, (自然数)×(自然数) も自然数となる. ところが, (自然数)−(自然数) は自然数の中では定まらないことがある. たとえば, $2 - 6$ は自然数の中では計算ができない. そこで, 整数という考え方が導入された:

┃**定義 1.2** (整数)　　$\ldots, -3, -2, -1, 0, 1, 2, 3, \ldots$ を**整数**という.

　整数は足し算, 掛け算, 引き算について閉じている. ところが, 割り算については閉じていない. たとえば, $1/2$ (1 割る 2) は整数の中では計算できない. そこで, 割り算ができる数の体系として有理数が現れた:

┃**定義 1.3** (有理数)　　$\dfrac{m}{n}$ ($m, n$ は整数, $n \neq 0$) の形の数を**有理数**という.

　これで足し算, 引き算, 掛け算は有理数の中で自由にでき, かつ 0 でない有理数で割ることができる数の体系を得ることができた.

　それでは有理数という数の体系で自然現象や経済活動などの多くを説明できるのであろうか. もちろん, 具体的な問題を提示しない限りはこの質問は意味をなさないのであるが, たとえば物の長さを測ることを考えてみよう.

---

[1] 0 も自然数とする流儀もあるが, 本書では 0 は自然数に含めないことにする.

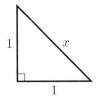

上の直角二等辺三角形を考える. 斜辺の長さを $x$ とすると, 三平方の定理より, $1^2 + 1^2 = x^2$, すなわち,

$$x^2 = 2 \tag{1.1}$$

となる. この $x$ は (正の) 有理数だろうか. 答えは No である. 証明は後回しにして, 式 (1.1) を満たす $x$ を含むような数の体系である実数を導入する.

┃**定義 1.4** (実数)　原点と正の向き, 単位の長さを定めた (両側に無限に長い) 数直線を考える. 数直線と数を一対一に対応させた数のことを**実数**という.

上図のような数直線に (太さを持たない) 針を落とすと実数が 1 つ対応する, ということをいっている. 式 (1.1) を満たす正の $x$ である $\sqrt{2}\,(= 1.4142\ldots)$ や, 円周率 $\pi\,(= 3.1415\ldots)$ は実数である.

　定義 1.4 は実数のかなりあいまいな説明である. しかし, 自然数から整数, 整数から有理数を構成するのと比べると, 有理数から実数を構成するのはかなり難しい. 本書では実数に深く立ち入ることはないので, この程度の説明で納得することにしよう. もちろん, 実数は足し算, 引き算, 掛け算が自由にでき, 0 でない実数で割ることのできる数の体系である.

┌─── **発展　複素数** ──────────────────────────
│　実数をさらに広げた数の体系として複素数を勉強したかもしれない. 実数の中では解を持たない $z$ に関する 2 次方程式
│
│$$z^2 = -1$$
│
│を考える. この (形式的な) 解を $i$ と書き, これを虚数単位という. そして, $a + bi\,(a,$

$b$ は実数) の形の数のことを**複素数**といった. 有理数や実数と同様に, この数の体系は四則演算を自由に行うことができる. さらに, $n$ を正の整数, $a_0, \ldots, a_n$ を複素数で $a_n \neq 0$ とするとき, $z$ に関する方程式

$$a_n z^n + a_{n-1} z^{n-1} + \cdots + a_1 z + a_0 = 0$$

は常に複素数内に (重複を込めて) ちょうど $n$ 個の解を持つ, という著しい性質 (代数学の基本定理) を持つ数の体系であった.

 実数は微分積分を学習する上で必須の数の体系である. 一方, 自然数や整数, 有理数はより素朴な数の体系であるため, 先人の関心からいろいろなことが調べられてきた. また, 現在では整数の理論は暗号に応用されるに至っている. 本書では, 整数に焦点を当てて勉強していくことにする.

 先送りした問題, すなわち, 式 (1.1) を満たすような有理数 $x$ は存在しないことを証明してみよう. この証明で用いる手法は**背理法**と呼ばれるもので, 今後もよく用いられる. 背理法は次のように説明することができる.

**背理法** 証明すべき主張を否定し, 論理矛盾を見つけることで主張を示す方法.

 示したいのは次の主張であった.

**命題 1.5** $x^2 = 2$ を満たす有理数 $x$ は存在しない.

 背理法を用いてこれを証明してみよう.

**証明** $x^2 = 2$ を満たす有理数 $x$ が存在すると仮定して矛盾を見つけることで証明する. 仮定から $x$ は有理数なので, $x = \dfrac{m}{n}$ ($m, n$ は整数で $n \neq 0$) と書ける. 必要があれば約分をして $m, n$ を取り直すことで, <u>$m$ と $n$ の最大公約数は 1</u> となるように $m, n$ を取ることができるので, そのように $m$ と $n$ を選ぶ. いま, $x^2 = 2$ だったので,

$$\left( \frac{m}{n} \right)^2 = 2.$$

両辺を $n^2$ 倍して,

$$m^2 = 2n^2. \tag{1.2}$$

右辺は 2 で割り切れるので左辺も 2 で割り切れる. そのためには $m$ が 2 で割り切れなくてはいけない. よって, $m = 2m'(m'$ は整数) と書ける. これを式 (1.2) に代入すると, $4(m')^2 = 2n^2$, すなわち,

$$2(m')^2 = n^2$$

を得る. 左辺は 2 で割り切れるので, 右辺も 2 で割り切れる. そのためには $n$ が 2 で割り切れなくてはいけない. つまり, $n = 2n'(n'$ は整数) と書ける. よって, $m$ と $n$ はともに 2 で割り切れる. しかし, これは $m$ と $n$ の最大公約数が 1 であることに矛盾する. よって, $x^2 = 2$ を満たす有理数 $x$ は存在しない. ▮

　上の証明で, これから出てくる「最大公約数」, 「割り切れる」などの言葉を用いてしまったが, 少なくとも経験的には高校までの数学で学習済みであろう.

　背理法は数学の重要な証明手法なので, 問題を解いて身につけるようにしよう.

**問題 1.1**　$x^3 = 2$ を満たす有理数 $x$ は存在しないことを示せ.

**問題 1.2**　$2^x = 3$ を満たす有理数 $x$ は存在しないことを示せ.
　必要があれば指数法則

$$(2^a)^b = 2^{a \times b}, \qquad 2^a \times 2^b = 2^{a+b} \qquad (a, b は実数)$$

　を用いよ.

**問題 1.3** (発展)　$x^2 = 3$ を満たす有理数 $x$ は存在しないことを示せ.

# 2

# 集合

論理に重点を置いて数学を学習するとき, 集合の考え方を理解しておくことは必要不可欠である. この章では, 集合の基礎的な事項を学習する.

**集合** (set) とは, 万人が同じように認識できる「もの」の集まりのことをいう[1]. また, 集合を構成する「もの」を, その集合の**元** (element) または要素という. $x$ が集合 $X$ の元であることを $x \in X$ と表し, $y$ が $X$ の元でないことを $y \notin X$ で表す.

集合の表記法として, 次の2つの方法がある.

- 元を書き並べることで集合を表示する方法 (外延的記法). 中括弧 {} の中に元を書き並べることで集合を表記する.
- 元が属するための条件を書くことで集合を表示する方法 (内包的記法). 条件 $\cdots$ を満たす $x$ 全体の集合を $\{x \mid \cdots\}$ で表記する.

いくつか例を見てみよう.

**例 2.1**　2以上4以下の整数全体の集合を $X$ とする. これを内包的記法で表記すると, 次のようになる:

$$X = \{x \mid x \text{ は整数で } 2 \leq x \leq 4\}. \tag{2.1}$$

すぐにわかるように, $X$ は 2, 3, 4 の3つの元からなる. つまり, 内包的記法

---

[1] 「背が高い人の集まり」を集合とはいわない. 人により背が高いことについての基準が異なるからである.

(2.1) を外延的記法に直すと次のようになる:

$$X = \{2, 3, 4\}.$$

容易にわかるように, $3 \in X$, $1 \notin X$ である.

> **問題 2.1** 次の文章を式 (2.1) のような内包的記法で表せ. また, (1) については, それを外延的記法に直せ.
> (1) 6 の正の約数全体の集合を $A$ とする.
> (2) 0 以上 1 以下の実数全体の集合を $B$ とする.

前章でいくつかの数の体系があることを説明した. これらの数の体系がなす集合は, 慣習として次の記号が用いられている.

- $\mathbb{N}$:自然数 (Natural numbers) 全体がなす集合.
- $\mathbb{Z}$:整数 (integers, 独語 Zahlen) 全体がなす集合.
- $\mathbb{Q}$:有理数 (Quotients または rational numbers) 全体がなす集合.
- $\mathbb{R}$:実数 (Real numbers) 全体がなす集合.
- $\mathbb{C}$:複素数 (Complex numbers) 全体がなす集合.

これらの記号を利用して集合を表記することも多い. たとえば, 例 2.1 の式 (2.1) で「$x$ は整数で」と書いたが, この情報を | の前に持っていき,

$$X = \{x \in \mathbb{Z} \mid 2 \leq x \leq 4\}$$

と表すこともある.

集合の大小および相等に関する概念を説明する. 2 つの集合 $X$, $Y$ を考える. $X$ の元がすべて $Y$ に属するとき, すなわち, 「$x \in X$ ならば $x \in Y$」が成り立つとき, $X$ は $Y$ の**部分集合**であるといい, $X \subset Y$ と表す. $X$ が $Y$ の部分集合でないとき, $X \not\subset Y$ と表す. $X \subset Y$ かつ $Y \subset X$ が成り立つとき, 集合 $X$ と集合 $Y$ は**等しい**といい, $X = Y$ と表す. $X \subset Y$ だが $Y \not\subset X$ のとき, $X$ は $Y$ の**真の部分集合**であるといい, $X \subsetneq Y$ と表す.

**例 2.2** 集合 $X$ および $Y$ を

$$X = \{1, 2, 3, 4\}, \quad Y = \{1, 2, 3\}$$

で定める. このとき, $Y$ の元はすべて $X$ の元になっているので, $Y \subset X$ が成り

8

立つ. 一方, $4 \in X$ だが $4 \notin Y$ のため, $X \not\subset Y$ である. ゆえに $Y \subsetneq X$ である.

**例 2.3** 集合 $A$ を

$$A = \{2x + 5y \mid x \text{ と } y \text{ は整数}\} \tag{2.2}$$

で定める. このとき, $A = \mathbb{Z}$ である.

**注意 2.4** 式 (2.2) は, 整数 $x, y$ を用いて $2x + 5y$ と書くことのできる数全体の集合を $A$ と定める, といっている. $2 \in A$ かどうかを考えてみると, $2 = 2 \times 1 + 5 \times 0$ であるから, $2 \in A$ である.

**例 2.3 の証明** まず $A \subset \mathbb{Z}$ を示す. つまり, $A$ の元はすべて整数であることを示す. $A$ の元はすべて $2x + 5y$ (ただし, $x$ と $y$ は適当な整数) と書ける. 整数は和と積について閉じているので, $2x + 5y \in \mathbb{Z}$ である. ゆえに $A \subset \mathbb{Z}$ である.

次に, $\mathbb{Z} \subset A$ を示す. つまり, $\mathbb{Z}$ の元はすべて $A$ の元であることを示す. $k \in \mathbb{Z}$ を勝手に取る. このとき, $x = -2k, y = k$ で $x$ と $y$ を定めると, $x$ および $y$ は整数で, $2x + 5y = k$ である. よって $k \in A$ であり, $\mathbb{Z} \subset A$ がいえた.

以上より, $A \subset \mathbb{Z}$ および $\mathbb{Z} \subset A$ がわかった. よって $A = \mathbb{Z}$ である. ∎

**注意 2.5** $\mathbb{Z} \subset A$ を示すためには, $k \in \mathbb{Z}$ に対し $2x + 5y = k$ を満たす整数 $x, y$ を見つければよかった. 上の証明では $(x, y) = (-2k, k)$ としたが, これ以外にも $2x + 5y = k$ を満たす整数 $x, y$ はある. たとえば, $(x, y) = (3k, -k)$ などとしても $x, y$ は $2x + 5y = k$ を満たす整数となっており, $\mathbb{Z} \subset A$ を示すことができる.

次に, $2x + 5y = k$ を満たす整数 $x, y$ を見つける方法を説明する. まず, $2x + 5y = 1$ を満たす整数 $x, y$ を見つけることを試みる. すると, $2 \times (-2) + 5 \times 1 = 1$ に気づくことができる. 両辺を $k$ 倍することで $2 \times (-2k) + 5 \times k = k$ となり, $2x + 5y = k$ を満たす整数 $x, y$ として $x = -2k, y = k$ があることがわかる.

まったく元を持たない集合を**空集合**といい, $\emptyset$ で表す. たとえば, $\{x \in \mathbb{R} \mid x^2 = -1\} = \emptyset$ である.

さて, 部分集合 $\subset$ については次の性質が基本的である.

**命題 2.6** $X, Y, Z$ を集合とする. このとき, 次が成り立つ.
(1) $\emptyset \subset X$ (これは $\emptyset$ に関する約束と思うこと).
(2) $X \subset X$.

(3) $X \subset Y$ かつ $Y \subset X$ ならば, $X = Y$.

(4) $X \subset Y$ かつ $Y \subset Z$ ならば, $X \subset Z$.

**証明** (2) を示すには「$x \in X$ ならば $x \in X$」をいえばいいが, これは明らかである. (3) も集合が等しいことの定義そのものである.

(4) を示す. それには,「$x \in X$ ならば $x \in Z$」を示せばよい. そのため, $x \in X$ とする. このとき, $x \in X$ と仮定 $X \subset Y$ から $x \in Y$ である. また, これと仮定 $Y \subset Z$ から $x \in Z$ である. ゆえに $x \in X$ ならば $x \in Z$ が示され, 主張 (4) が成り立つ. ∎

集合 $X, Y$ に対し, 集合 $X \cap Y$ と $X \cup Y$ を次で定める:

$$X \cap Y = \{x \mid x \in X \text{ かつ } x \in Y\},$$

$$X \cup Y = \{x \mid x \in X \text{ または } x \in Y\}.$$

$X \cap Y$ を $X$ と $Y$ の**共通集合**, $X \cup Y$ を $X$ と $Y$ の**和集合**という.

**注意 2.7** 数学での「または」は, 少なくとも一方が成り立つ, と解釈する. つまり, 上の「$x \in X$ または $x \in Y$」とは,「$x \in X$ または $x \in Y$ の少なくとも一方が成り立つ」と理解するということである.

**例 2.8** $A = \{1,2,3\}$, $B = \{1,3,4\}$ とする. このとき, $A \cap B = \{1,3\}$, $A \cup B = \{1,2,3,4\}$ である.

**問題 2.2** 集合 $A, B, C$ をそれぞれ

$$A = \{1,2,3,4\}, \qquad B = \{1,3,5\}, \qquad C = \{5\}$$

で定める. このとき, $A \cap B$, $A \cap C$, $A \cup B$, $A \cup C$ を外延的記法で表せ. ただし, 空集合になるものは $\emptyset$ と記すこと.

**問題 2.3** $A = \{2x \mid x \text{ は整数}\}$, $B = \{4y - 6z \mid y \text{ と } z \text{ は整数}\}$ とする. このとき, $A = B$ となることを証明せよ.

# 3

# 整数の除法

我々は小学校で

$$33 \div 5 = 6 \text{ あまり } 3 \quad (\text{または } 33 \div 5 = 6 \cdots 3) \tag{3.1}$$

といった計算を学習してきた. そして, $33 \div 5$ の商は 6, 余りは 3 などといった. この意味を見直すのがこの章の目的である.

**問題 3.1** 次の割り算を式 (3.1) の形で計算せよ.
(1) $49 \div 8$, (2) $72 \div 9$, (3) $1234 \div 56$.

一般に $a$ を整数, $b$ を正の整数としたとき,

$$a \div b = q \text{ あまり } r \tag{3.2}$$

というのは, $q$ と $r$ は整数で,

$$a = bq + r \quad \text{かつ} \quad 0 \le r < b \tag{3.3}$$

を満たすことである. $q$ を $a \div b$ の**商** (quotient), $r$ を $a \div b$ の**余り** (remainder) という. 式 (3.1) は, $a = 33, b = 5$ のとき, 条件 (3.3) を満たす整数 $q, r$ として $q = 6, r = 3$ が取れるといっている. 実際,

$$bq + r = 5 \times 6 + 3 = 33 = a$$

で, かつ $0 \le r = 3 < 5 = b$ だから, $a = 33, b = 5$ のとき $q = 6, r = 3$ とすると, 式 (3.3) を確かに満たしている.

**問題 3.2** 問題 3.1 の計算結果は条件 (3.3) を満たすことを確認せよ.

　一般に $a \div b$ の解はあるのだろうか. また, 解があったとして, 解は 1 通りに決まるのだろうか. これらに答えるのが次の定理である.

**定理 3.1** (割り算の原理)　$a$ を整数, $b$ を正の整数とする. このとき,

$$a = bq + r \text{ かつ } 0 \leq r < b \tag{3.4}$$

を満たすような整数の組 $(q, r)$ がただ一つ存在する.

　$(q, r)$ が存在することと, ただ一つであることを分けて証明する. まず, $(q, r)$ が存在することを証明する. 式 (3.1) を得るためにどうやったのかを考えてみる. 割る数 5 の倍数を $5 \times 1 = 5, 5 \times 2 = 10, \ldots$ と順々に計算し, 割られる数である 33 を挟む数を探す. すると,

$$5 \times 6 \leq 33 < 5 \times 7$$

となり, 商は 6 であることがわかる. そして, $33 - 5 \times 6 = 3$ だから, 余りが 3 とわかる. 定理 3.1 の $(q, r)$ の存在の証明も, 同様の手続きで $(q, r)$ を見つけることで行われる.

**定理 3.1 の $(q, r)$ の存在の証明**　$b$ の倍数を $\cdots < -3b < -2b < -b < 0 < b < 2b < 3b < \cdots$ と並べる. すると, 実数全体は $I_q = \{x \mid x$ は実数で $qb \leq x < (q+1)b\}$ ($q$ は整数) の形の小区間に分割される (下図参照).

$a$ は整数だが実数の 1 つでもあるので, $a$ はこの小区間のどこかに入る. つまり,

$$qb \leq a < (q+1)b \tag{3.5}$$

となるような整数 $q$ がある[1]. そのような $q$ を取り, $r = a - qb$ で $r$ を定める. このとき $r$ は整数で, かつ $a = bq + r$ を満たす. また, 式 (3.5) の辺々から $qb$ を引くと $0 \leq r < b$ となる. よって, 式 (3.4) を満たす整数の組 $(q, r)$ が存在することがいえた.　∎

---

[1] たとえば, 上図の位置に $a$ がある場合, $q = 2$ である.

　次に, 式 (3.4) を満たす整数の組 $(q, r)$ はただ一つであることを示す. このような「ただ一つある」ことを証明するときは, 2 つあったら実は一致してしまう, ということを示すのが常套手段である.

**式 (3.4) を満たす $(q, r)$ がただ一つであることの証明**　式 (3.4) を満たす整数の組 $(q, r)$ が他に存在したとする. つまり,

$$a = bq' + r' \text{ かつ } 0 \leq r' < b$$

を満たす整数の組 $(q', r')$ が存在したとする. このとき, $a = bq + r = bq' + r'$ だから,

$$r - r' = b(q' - q) \tag{3.6}$$

となる. いま, $0 \leq r < b, 0 \leq r' < b$ だから,

$$-b < r - r' < b$$

が成り立つ. これに式 (3.6) を代入して,

$$-b < b(q' - q) < b.$$

定理 3.1 の仮定から $b > 0$ であることに注意し, 辺々を $b$ で割って,

$$-1 < q' - q < 1. \tag{3.7}$$

いま, $q$ および $q'$ は整数だから, $q' - q$ も整数である. これと不等式 (3.7) を同時に満たすには, $q' - q = 0$, つまり, $q = q'$ でなくてはいけない. これを式 (3.6) に代入して $r = r'$ を得る. 以上より, $(q, r) = (q', r')$ となり, $(q, r)$ がただ一つであることがいえた.　■

　(0 でない) 実数の絶対値はいくらでも小さい正の値をとり得るが, 0 でない整数の絶対値は必ず 1 以上になる. このことが定理 3.1 の証明で用いられていて, 整数を調べる際によく用いられる.

　「○○が存在する」,「○○がただ一つ存在する」といった主張は慣れないうちは難しいかもしれないが, 本書ではよく出てくるので徐々に慣れていってほしい.

**問題 3.3** 次の $a, b$ に対し, 式 (3.4) を満たす整数 $q, r$ を求めよ.

(1) $a = 5$, $b = 3$,  (2) $a = 1928$, $b = 36$,  (3) $a = -7$, $b = 3$.

**問題 3.4** 次の主張は正しいか. 冒頭に主張の正誤を記し, その理由を簡単に述べよ.

(1) $n \leq 1$ かつ $n \geq -1$ を満たす整数 $n$ が存在する.

(2) $n \leq 1$ かつ $n \geq -1$ を満たす整数 $n$ がただ一つ存在する.

(3) $4 = 2q + r$ かつ $0 \leq r \leq 2$ を満たす整数の組 $(q, r)$ がただ一つ存在する.

**(3) のヒント**:$4 = 2 \times 2 + 0 = 2 \times 1 + 2$ であるから $\cdots$.

問題 3.4 の (3) より, 定理 3.1 の $r$ の条件を $0 \leq r \leq b$ に置き換えると, 定理 3.1 の「ただ一つ」の部分は一般に成り立たなくなってしまうことがわかる.

─ **発展　アルキメデスの原理** ─────────────

勝手に与えた正の実数 $a, b$ に対し,

$$\underbrace{a + a + \cdots + a}_{n \text{ 個}} \geq b \tag{3.8}$$

を満たす正の整数 $n$ が存在する. これを**アルキメデスの原理**という. たとえば, $a = 1$, $b = \pi$ (円周率) とすると, $n = 4$ とすれば式 (3.8) を満たす. つまり, 勝手に正の実数 $a, b$ を与えると, $a, b$ より後出しで式 (3.8) を満たすような $n$ を取ることができる, といっているのである. 当たり前のことをいっていると思うかもしれないが, この性質は実数を特徴付ける基本的な性質の 1 つである. そして, 定理 3.1 の $(q, r)$ の存在を示すための鍵は, このアルキメデスの原理であった.

# 4

# 約数, 倍数

前章では, 次のことを証明した:

**定理 4.1** (= 定理 3.1)  $a$ を整数, $b$ を正の整数とする. このとき,

$$a = bq + r \quad かつ \quad 0 \leq r < b \tag{4.1}$$

を満たす整数の組 $(q, r)$ がただ一つ存在する. ($q$ を $a \div b$ の商, $r$ を $a \div b$ の余りといった.)

$r = 0$ かどうかで次の用語を導入する.

**定義 4.2** (割り切れる, 約数, 倍数)  $a$ を整数, $b$ を $0$ でない整数とする.

$$a = bq \tag{4.2}$$

を満たす整数 $q$ が存在するとき, $a$ は $b$ で**割り切れる**といい, $b \mid a$ と記す. 式 (4.2) を満たす整数 $q$ が存在しないとき, $a$ は $b$ で**割り切れない**といい, $b \nmid a$ と記す. $a$ が $b$ で割り切れるとき, $b$ は $a$ の**約数** (divisor) である, または $a$ は $b$ の**倍数** (multiple) であるともいう.

上で「$r = 0$ かどうかで」と書いたが, $b$ が正の整数の場合, 次の事実が成り立つからである.

**補題 4.3**  $a$ を整数, $b$ を正の整数とする. このとき, 次の (1), (2) は同値である:

(1) 式 (4.1) を満たすような整数の組 $(q, r)$ を取ると, $r = 0$.

(2) $b \mid a$.

**注意 4.4** 　いくつかの主張が**同値** (もしくは**必要十分**) であるとは, どれか 1 つの主張が成り立てば他の主張がすべて成り立つ, という意味である. よって, 補題 4.3 を示すには,「(1) ならば (2)」および「(2) ならば (1)」を示せばよい.

**証明** 　「(1) ならば (2)」を示す. 割り算の原理より $a = bq + r$ かつ $0 \leq r < b$ を満たす整数 $q, r$ が存在するが, 条件 (1) より $r = 0$. よって $a = bq$ となり, $b \mid a$ が成り立つ.

　　「(2) ならば (1)」を示す. $b \mid a$ だから整数 $q'$ が存在して $a = bq' = bq' + 0$ と書ける. よって, $q = q', r = 0$ とすれば式 (4.1) を満たす. 一方, 式 (4.1) を満たす整数の組 $(q, r)$ はただ一つだったので, 式 (4.1) を満たすように $(q, r)$ を取ると $r = 0$ となる. 　　　　　　　　　　　　　　　　　　　　　　　■

　補題 4.3 より, $a$ が $b$ で割り切れるかを知るには, $a \div b$ の余りが 0 かどうかを調べればよい.

**注意 4.5** 　$b$ が負の整数の場合, $a$ が $b$ で割り切れるかを判断するには, $b \mid a$ と $(-b) \mid a$ は同値であることを用いればよい (下の問題 4.1 参照). このことから, $b$ は正の整数の場合に帰着することとなるので, 今後は $b$ が正の整数の場合のみを考えることにする.

> **問題 4.1** 　$a$ を整数, $b$ を 0 でない整数とする. このとき, $b \mid a$ と $(-b) \mid a$ は同値であることを示せ. 示すべきことは,「$b \mid a$ ならば $(-b) \mid a$ が成り立つ」および「$(-b) \mid a$ ならば $b \mid a$ が成り立つ」の 2 つである.

**例 4.6** 　(1) $3 \mid 12$ である. 実際, $12 = 3 \times 4$ が成り立つ.

(2) $4 \nmid 6$ である. 実際, $6 \div 4$ の余りは $2 (\neq 0)$ である.

(3) 0 ではない整数 $b$ に対し, $b \mid 0$ である. 実際, $0 = b \times 0$ が成り立つ.

　上の記法に慣れるため, 定義 4.2 や補題 4.3 を見ながら次の問題を解いてみよう.

> **問題 4.2** 　(1)～(6) のうち, 正しいものをすべて選べ.
>     (1) $2 \mid 6$, 　　　(2) $6 \mid 2$, 　　　(3) $6 \mid 10$,
>     (4) $12 \mid 252$, 　　(5) $15 \mid 1000$, 　　(6) $11 \mid 0$.

　正の整数 $a$ に対し, 1 と $a$ は常に $a$ の正の約数である. 上の記号 | を用いて書くと, $1 \mid a$ かつ $a \mid a$ は常に成り立つ, ということである. 1 と $a$ を $a$ の**自明な**

**約数**という．自明な約数しか正の約数を持たないような 2 以上の整数を**素数**といいうが，これは第 11 章で説明することにする．

今後出て来る最大公約数の計算のため，次の型の問題に慣れておこう．

**例 4.7** 20 の正の約数すべてを書き下すと，1, 2, 4, 5, 10, 20 の 6 個である．実際，1 以上 20 以下の整数で，20 を割り切る数を 1 つずつ探していけばよい．

**注意 4.8** 実際は，$4 \leq \sqrt{20} < 5$ だから，$1 \times \square = 20$, $2 \times \square = 20$, $3 \times \square = 20$, $4 \times \square = 20$ を満たす整数 $\square$ があるもの，および対応する $\square$ を並べればよい．

**注意 4.9** 別の方法として，**素因数分解**を用いる方法が挙げられる．つまり，

$$20 = 2^2 \times 5$$

だから，20 の正の約数は $2^j \times 5^k$ ($j, k$ は $0 \leq j \leq 2$, $0 \leq k \leq 1$ を満たす整数) 全体，すなわち，$2^0 \times 5^0 = 1$; $2^1 \times 5^0 = 2$; $2^2 \times 5^0 = 4$; $2^0 \times 5^1 = 5$; $2^1 \times 5^1 = 10$; $2^2 \times 5^1 = 20$ である，と答えてもよい．この方法で 20 の正の約数を過不足なく見つけられるのはなぜだろうか．その理由は第 12 章で説明する．

> **問題 4.3** 次の数の正の約数をすべて求めよ．
> (1) 28, (2) 36, (3) 135.

最後に，「割り切れる」が満たす基本的な性質をいくつか述べておこう．

**定理 4.10** $a, b, c$ は整数で $b \neq 0$ かつ $c \neq 0$ とする．このとき，$c \mid b$ かつ $b \mid a$ ならば，$c \mid a$ が成り立つ．

記号 $\mid$ は，実数の不等式 $\leq$ の性質「$z \leq y$ かつ $y \leq x$ ならば，$z \leq x$ が成り立つ」と似た性質を満たす，ということを定理 4.10 は主張している．

**定理 4.10 の証明** 「割り切れる」の定義 (定義 4.2) に立ち返って証明する．仮定 $c \mid b$ より，$b = cq'$ を満たす整数 $q'$ が存在する．また，仮定 $b \mid a$ より，$a = bq''$ を満たす整数 $q''$ が存在する．よって，

$$a = bq'' = (cq')q'' = c(q'q'')$$

が成り立つ．いま，$q = q'q''$ とおくと，$a = cq$ が成り立ち，整数の掛け算は整数だから $q$ は整数となる．よって，$c \mid a$ が成り立つ．∎

**定理 4.11**　$a, b$ は整数で, $c$ は 0 でない整数とする. このとき, 次が成り立つ.

(1) $c \mid a$ かつ $c \mid b$ ならば, $c \mid (a+b)$ が成り立つ.

(2) $k$ を整数とする. $c \mid a$ ならば, $c \mid (ka)$ が成り立つ.

**証明**　(1) のみ証明する. $c \mid a$ より, $a = cq'$ を満たす整数 $q'$ が存在する. 同様に, $c \mid b$ より, $b = cq''$ を満たす整数 $q''$ が存在する. よって,

$$a + b = cq' + cq'' = c(q' + q'')$$

が成り立つ. $q = q' + q''$ とおくと $a + b = cq$ で, 整数の和は整数なので $q$ は整数である. よって, $c \mid (a+b)$ が成り立つ.　∎

> **問題 4.4**　198 の正の約数をすべて求めよ.
>
> **問題 4.5**　定理 4.11 の (1) の証明にならい, 定理 4.11 の (2) を証明せよ.
> 　**ヒント**：$c \mid a$ だから $a = cq'$ を満たす整数 $q'$ が存在する. これを用いて $ka$ が $c$ で割り切れることを示せ.
>
> **問題 4.6**　(発展) 注意 4.8 の方法ですべての正の約数が求められることを一般的な状況で説明したい. $n$ を正の整数とし, $m \leq \sqrt{n} < m+1$ を満たす正の整数 $m$ を取る. $n = k \times \square$ となる整数 $\square$ があるかを調べ, もしそのような整数 $\square$ が存在すれば, $k$ およびその $\square$ は $n$ の正の約数である. これを $k = 1, 2, \ldots, m$ に対し行うことで $n$ の正の約数をすべて求めることができる, ということであった. この方法で $n$ の正の約数をすべて求めることができる理由を説明せよ.
> 　**ヒント**：$n$ の約数のうち $m+1$ 以上のものが上の方法ですべて見つけられていることを示せばよい. $l \geq m+1$ となる整数 $l$ に対し, $l$ が $n$ の正の約数だったとする. このとき, $n = la$ となる正の整数 $a$ が存在する. $a = \dfrac{n}{l}$ および $l \geq m+1 > \sqrt{n}$ を用いて $a$ を不等式で評価してみると ….

　前章, 本章と当たり前のことを難しく説明していて, なぜこんなことをやるのか, 疑問に思うかもしれない. しかし, 当たり前のことを集めていろいろな結果を出すには, 「経験的にはわかる」では限界があり, あいまいさを排除する必要である. いまのところ, 計算は定義に基づくもののみで退屈かもしれないが, 第 6 章ぐらいからいろいろな計算方法を紹介できる予定である. 経験的には理解していることがほとんどであるいまのうちに, 高校までの数学では余り馴染みのない「存在する」,「ただ一つ存在する」などの言葉に慣れてほしい.

# 5

# 公約数，最大公約数

　前章では，割り切れる，約数などの用語の定義を説明し，基本的な性質を証明した．整数 $a$ と 0 でない整数 $b$ に対し，

$$a = bq$$

を満たす整数 $q$ が存在するとき，$a$ は $b$ で割り切れる，$b$ は $a$ の約数であるなどといい，$b \mid a$ と書いた．復習として，次の問題を解いてみよう．

**問題 5.1**　(1)～(4) のうち正しいものをすべて挙げよ．
　　(1) $15 \mid 5$,　　(2) $5 \mid 15$,　　(3) $29 \mid 261$,　　(4) $261 \mid 29$.

**問題 5.2**　143 の正の約数をすべて求めよ．

　「割り切れる」の基本性質として，次の性質を説明した．

(1) $c \mid b$ かつ $b \mid a$ ならば，$c \mid a$.

(2) $c \mid a$ かつ $c \mid b$ ならば，$c \mid (a + b)$.

(3) $k$ は整数で $c \mid a$ ならば，$c \mid (ka)$.

　前章で証明を問題とした (3) を示してみる．$c \mid a$ だから，$a = cq'$ を満たす整数 $q'$ が存在する．よって，

$$ka = k(cq') = c(kq')$$

となる．$q = kq'$ とおけば $ka = cq$ で，$k$ と $q'$ は整数だからそれらの積である $q$ も整数である．よって，$c \mid (ka)$ が成り立つ．

　本章の主題に移る．まず，公約数の定義を述べる．

**定義 5.1** (公約数)　$a$ と $b$ を整数とする. $a$ と $b$ の共通の約数を, $a$ と $b$ の**公約数** (common divisor) という.

1 はすべての整数を割り切るので, すべての整数 $a, b$ に対し 1 は常に $a$ と $b$ の公約数となる.

「約数」と同様,「公約数」も正の公約数をすべて求めれば, それにマイナスをつけることで負の公約数をすべて求めることができる. そこで, 今後は正の公約数のみ考えることにする.

**例 5.2**　12 と 30 の正の公約数をすべて求めてみよう. 12 の正の約数をすべて書き下すと, 1, 2, 3, 4, 6, 12 である. 一方, 30 の正の約数をすべて書き下すと, 1, 2, 3, 5, 6, 10, 15, 30 である. よって, 12 と 30 の共通の約数は <u>1, 2, 3, 6</u> であり, これが 12 と 30 の正の公約数のすべてである.

**問題 5.3**　次の 2 つの整数に対し, 正の公約数をすべて求めよ.
　　(1) 24 と 36,　　(2) 21 と 56,　　(3) 0 と 14.

$a$ と $b$ は整数で, 少なくとも一方は 0 でないとする.[1] 簡単のため, $a \neq 0$ とする. このとき, $a$ と $b$ の正の公約数は $|a|$ 以下の正の整数なので, $a$ と $b$ の正の公約数は有限個である. よって, 公約数の中で最大となるものが存在する. この考察から, 最大公約数の考え方が生まれる:

**定義 5.3** (最大公約数, 互いに素)　$a$ と $b$ は整数で, 少なくとも一方は 0 でないとする. このとき, $a$ と $b$ の正の公約数のうち最大のものを $a$ と $b$ の**最大公約数** (greatest common divisor) といい, $\gcd(a, b)$ と書く. また, $\gcd(a, b) = 1$ のとき, $a$ と $b$ は**互いに素**という.

**注意 5.4**　gcd は, greatest common divisor の頭文字を並べたものである. 単に $(a, b)$ と書く流儀もあるが, 数の組と区別するため, 本書では $\gcd(a, b)$ と書くことにする.

**例 5.5**　12 と 30 の最大公約数を求めてみよう. 例 5.2 で見たように 12 と 30 の正の公約数は 1, 2, 3, 6 だったので, この中で一番大きい 6 が最大公約数, つまり $\gcd(12, 30) = 6$ である.

---

[1] 別の言い方をすると, $(a, b) \neq (0, 0)$ ということである.

**例 5.6** $a$ を正の整数とするとき, $\gcd(a, 0) = a$ である. 実際, 前章の例 4.6 の (3) より, $a$ と 0 の正の公約数全体は $a$ の正の約数全体と一致する. $a$ の正の約数のうち最大のものは $a$ なので, $\gcd(a, 0) = a$ である.

**問題 5.4** 問題 5.3 を振り返り, 次を計算せよ.
(1) $\gcd(24, 36)$,　　(2) $\gcd(21, 56)$,　　(3) $\gcd(0, 14)$.

最大公約数について, 次の性質が成り立つ.

**定理 5.7** $a, b, k$ は整数で $b \neq 0$ とする. このとき, 次が成り立つ :

$$\gcd(a, b) = \gcd(a + kb, b).$$

**証明** 集合 $A$, $B$ を

$$A : a \text{ と } b \text{ の正の公約数全体のなす集合,}$$

$$B : a + kb \text{ と } b \text{ の正の公約数全体がなす集合}$$

で定める. 集合 $A$ の元の中で一番大きい数が $\gcd(a, b)$, 集合 $B$ の元の中で一番大きい数が $\gcd(a + kb, b)$ である. よって, 定理 5.7 を示すには, $A = B$ を証明すれば十分である.

　$A \subset B$ を証明する. そのためには, $d \in A$ ならば $d \in B$ を示せばよい. $d \in A$ とする. $A$ の定め方から $d > 0$ で, かつ $d$ は $b$ の約数である. 次に $d$ は $a + kb$ の約数であることをいう. $d$ は $a$ の約数かつ $b$ の約数なので, $a = ld$, $b = md$ を満たす整数 $l$, $m$ が存在する. よって,

$$a + kb = ld + k(md) = (l + km)d.$$

$k, l, m$ はすべて整数なので $l + km$ も整数である. よって, $d$ は $a + kb$ の約数である. 以上より, $d$ は $a + kb$ と $b$ の正の公約数, すなわち $d \in B$ である. ゆえに, $A \subset B$ が証明された.

　同様の論法により, $B \subset A$ が証明でき, $A = B$ が証明される. ∎

**問題 5.5** $A \subset B$ を示した方法にならい, $B \subset A$ を証明せよ. 必要があれば, $a = (a + kb) - kb$ を用いよ.

> **問題 5.6**　次を計算せよ.
>
> 　　(1) gcd(14, 35),　　　(2) gcd(12, 32),　　　(3) gcd(5029, 2021).
>
> (3) で必要があれば, 2021 の正の約数全体は 1, 43, 47, 2021 となることを用いてよ
> い. 最大公約数は共通の約数 (のうち最大のもの) なので, (3) の答えはこの 4 つの数
> のいずれかである. この中で 5029 を割り切る最大の数を見つければよいので ….

　2021 の正の約数がすべてわかっていたので問題 5.6 の (3) を解くことができ
た. しかし, このヒントがないと, すべての約数を求める方法で計算するのは非
常に骨が折れる[2]. 次の章では, このような場合の最大公約数の効率的な計算方
法を学習していくこととする. 少しだけ先取りしておくと, $5029 \div 2021$ を計算
して, $5029 = 2021 \times 2 + 987$ だから,

$$\gcd(5029, 2021) = \gcd(2021 \times 2 + 987, 2021).$$

定理 5.7 を $a = 987$, $b = 2021$, $k = 2$ として用いると,

$$\gcd(5029, 2021) = \gcd(987, 2021)$$

が成り立つ. 以下, 2021 を 987 で割って, … と繰り返していくと, gcd の括弧
の中の 2 つの数が小さくなっていき, 最大公約数をヒントなしに計算できそうで
ある. このアルゴリズム (**ユークリッドの互除法**という) を次章で説明する.

**注意 5.8**　本章では公倍数, 最小公倍数の説明を割愛し, 公約数および最大公約数に絞っ
て解説した. 公倍数, 最小公倍数に興味のある人は付録の A.1 節をご覧いただきたい.

---

[2] $44 \le \sqrt{2021} < 45$, $70 \le \sqrt{5029} < 71$ なので, 電卓を使えばできないわけではない.

# 6

# ユークリッドの互除法

前章では, 公約数および最大公約数を学習した. $a$ と $b$ の共通の約数のことを $a$ と $b$ の公約数といい, 公約数のうち最大のものを $a$ と $b$ の最大公約数といった. 復習のため, 次の問題を解いてみよう.

**問題 6.1** 次を計算せよ.
　　(1) $\gcd(24, 36)$,　　(2) $\gcd(45, 108)$.

前章で次の問題を出題した:

$$\gcd(5029, 2021). \tag{6.1}$$

5029, 2021 の約数をすべて求め, 共通の約数のうち最大のもの, と考えると手計算ではかなり大変である. 本章では, このような大きな数の最大公約数を求めるときに有効な手法である**ユークリッドの互除法**を学習する.

前章で, 次の定理を証明した:

**定理 6.1** (= 定理 5.7) $a, b, k$ は整数で $b \neq 0$ とする. このとき, 次が成り立つ:
$$\gcd(a, b) = \gcd(a + kb, b).$$

定理 6.1 と割り算の原理を用いて上の $\gcd(5029, 2021)$ を計算してみよう. まず, $5029 \div 2021$ を計算することで, $5029 = 2021 \times 2 + 987$ となる. よって,

$$\gcd(5029, 2021) = \gcd(2021 \times 2 + 987, 2021) \overset{(*)}{=} \gcd(987, 2021) \tag{6.2}$$

となる. ここで, $(*)$ では定理 6.1 を $a = 987, b = 2021, k = 2$ として適用した.

次に, $2021 \div 987$ を計算し, $2021 = 987 \times 2 + 47$ だから,

$$\gcd(2021, 987) = \gcd(987 \times 2 + 47, 987) = \gcd(47, 987). \tag{6.3}$$

最後に $987 \div 47$ を計算すると $987 = 47 \times 21$ だから,

$$\gcd(987, 47) = \gcd(47 \times 21 + 0, 47) = \gcd(0, 47) = 47. \tag{6.4}$$

以上の式 (6.2)〜(6.4) の計算から, $\gcd(5029, 2021) = 47$ がわかった.

　検算のため, 5029 と 2021 が 47 で割れることを確認する. 筆算により,

$$5029 = 47 \times 107, \qquad 2021 = 47 \times 43$$

となり, 確かに 47 で割り切れることがわかる[1]. 定理 6.1 を用いた上のような計算方法を**ユークリッドの互除法**という.

**注意 6.2**　$A$ と $B$ を整数で $A > B > 0$ を満たすものとし, $A \div B$ の商を $q$, 余りを $r$ とする. このとき, $\gcd(A, B) = \gcd(Bq + r, B) = \gcd(r, B)$ となる. ここで, 最後の等式で定理 6.1 を $a = r, b = B, k = q$ として用いた. よって, ユークリッドの互除法を標語的に書くと,

$$\gcd(大, 小) = \gcd(大 \div 小 の余り, 小) \tag{6.5}$$

という計算を繰り返す, ということになる.

> **問題 6.2**　(6.5) を繰り返し用いる, または (6.2)〜(6.4) の計算を参考にして, 次の最大公約数を計算せよ.
>   　(1) $\gcd(1829, 1357)$,　　(2) $\gcd(1537, 3161)$.
> 　計算が終わったら, 検算もすること.

　式 (6.1) や問題 6.2 の場合, 割り算と定理 6.1 を何回か繰り返し用いれば, 式 (6.4) の左辺のように一方の数がもう一方の数で割り切れる状況ができ, 最大公約数を計算することができた. 2 つの整数を勝手に与えたとき, 同様のことがいつも成り立つのか, ということを考えてみる.

　そのために, まず一般的な状況でユークリッドの互除法を説明する. $a$ を整数, $b$ を正の整数とし, $\gcd(a, b)$ を次の操作で計算する.

---

[1] このように結果に間違いがないか容易に調べることができるので, 計算が終わったら検算をする癖をつけよう. 誤った答えが出たとき, それに気づけることも数学の素養の 1 つである.

**1 回目の操作**： $a \div b$ を計算し,

$$a = bq_1 + r_1 \quad かつ \quad 0 \leq r_1 < b \tag{6.6}$$

を満たす整数 $q_1, r_1$ を求める. $r_1 = 0$ ならばアルゴリズムを終了する. $r_1 \neq 0$ ならば次の操作を行う.

**2 回目の操作**： $b \div r_1$ を計算し,

$$b = r_1 q_2 + r_2 \quad かつ \quad 0 \leq r_2 < r_1 \tag{6.7}$$

を満たす整数 $q_2, r_2$ を求める. $r_2 = 0$ ならばアルゴリズムを終了する. $r_2 \neq 0$ ならば次の操作を行う.

**3 回目の操作**： $r_1 \div r_2$ を計算し,

$$r_1 = r_2 q_3 + r_3 \quad かつ \quad 0 \leq r_3 < r_2 \tag{6.8}$$

を満たす整数 $q_3, r_3$ を求める. $r_3 = 0$ ならばアルゴリズムを終了する. $r_3 \neq 0$ ならば次の操作を行う.

$$\cdots$$

**$n$ 回目の操作**： $((n-2)$ 回目の操作で求めた $r_{n-2}$ と, $(n-1)$ 回目の操作で求めた $r_{n-1}$ に対し) $r_{n-2} \div r_{n-1}$ を計算し,

$$r_{n-2} = r_{n-1} q_n + r_n \quad かつ \quad 0 \leq r_n < r_{n-1} \tag{6.9}$$

を満たす整数 $q_n, r_n$ を求める. $r_n = 0$ ならばアルゴリズムを終了する. $r_n \neq 0$ ならば次の操作を行う.

$$\cdots$$

まず, 上の操作について次のことを証明する.

---

**補題 6.3** 整数 $a$ と正の整数 $b$ に対し, 上の操作は高々 $b$ 回で終了する. つまり, $r_l = 0$ かつ $l \leq b$ を満たす正の整数 $l$ が存在する[2].

---

[2] $b$ が大きい数のとき, 「高々 $b$ 回」をより少ない回数に改善することは可能である. たとえば, 上記操作は $(b$ の桁数$) \times 5$ 回以下で終了することが知られている (ラメの定理).

**証明** 背理法で証明する．上の操作を $b$ 回繰り返してもアルゴリズムが終わらない，つまり，$r_1, \ldots, r_b$ はすべて 0 でないと仮定する．式 (6.6), ... , 式 (6.9) で $n = b$ としたものの不等式の部分を書き並べてみる．背理法の仮定 $r_b \neq 0$ に注意して，

$$0 < r_b < r_{b-1} < \cdots < r_3 < r_2 < r_1 < b$$

となる．0 より大きく $b$ 未満の整数全体は $1, 2, \ldots, b-1$ の $b-1$ 個である．一方，$r_1, \ldots, r_b$ は 0 より大きく $b$ 未満の $b$ 個の異なる整数である．これは矛盾である．よって，操作は高々 $b$ 回で終了する． ∎

　以上の考察から，割り算の原理を繰り返すと，一方がもう一方を割り切る状況になることがわかった．そこで，$r_l = 0$ となったとすると，定理 6.1 と式 (6.6)〜(6.9)（で $n = l$ としたもの）を用いると，

$a = bq_1 + r_1$ より，$\gcd(a, b) = \gcd(r_1, b)$,

$b = r_1 q_2 + r_2$ より，$\gcd(b, r_1) = \gcd(r_2, r_1)$,

$r_1 = r_2 q_3 + r_3$ より，$\gcd(r_1, r_2) = \gcd(r_3, r_2)$,

$\qquad \cdots$

$r_{l-3} = r_{l-2} q_{l-1} + r_{l-1}$ より，$\gcd(r_{l-3}, r_{l-2}) = \gcd(r_{l-1}, r_{l-2})$,

$r_{l-2} = r_{l-1} q_l + 0$ より，$\gcd(r_{l-2}, r_{l-1}) = \gcd(0, r_{l-1}) = r_{l-1}$

となる．よって，$\gcd(a, b) = r_{l-1}$ である．つまり，割り算の原理を繰り返し用いたとき，余りが 0 となるものの 1 つ前の割り算の余りが $\gcd(a, b)$ となることがわかった．

**問題 6.3** $\gcd(23533, 49163)$ を計算せよ．答えが出たら検算もすること．

# 7

# 整数係数 1 次方程式

前章ではユークリッドの互除法を学習した. これは, 割り算の原理を繰り返し用いることで最大公約数を計算するものであった. ユークリッドの互除法を支える理論的な根拠は, 第 5 章定理 5.7 で証明した $\gcd(a + kb, b) = \gcd(a, b)$ であった. 復習のため, 次の問題を解いてみよう.

**問題 7.1** $\gcd(1333, 2623)$ を計算せよ. 答えが出たら検算もすること.

いきなりであるが, 次の問題を考えてみよう.

**問題 7.2** 次の方程式を満たす整数の組 $(x, y)$ を 1 つ見つけよ. (そのような整数の組 $(x, y)$ のことを方程式の**整数解**という.)
  (1) $2x + 3y = 1$,    (2) $143x + 51y = 1$,    (3) $2x + 4y = 3$.

(1) の整数解はすぐに見つけることができると思う. たとえば, $(x, y) = (2, -1)$ などが (1) の整数解である. (3) については, 左辺は 2 で割り切れるが右辺はそうでないので, 整数解 $(x, y)$ は存在しない. 一方, (2) の整数解を見つけるのはなかなか大変だと思う. 前章で学習したユークリッドの互除法を用いると, (2) の整数解の 1 つを効率的に見つけることができる. 本章ではその方法を学習する.

問題 7.2 の (2) の整数解の見つけ方を説明する. まず, $\gcd(143, 51)$ を互除法で計算する要領で, 割り算を繰り返す:

$$143 = 51 \times 2 + 41, \tag{7.1}$$

$$51 = 41 \times 1 + 10, \tag{7.2}$$

$$41 = 10 \times 4 + 1, \tag{7.3}$$

$$10 = 1 \times 10. \tag{7.4}$$

以上の計算より, 式 (7.3) の余りである 1 が 143 と 51 の最大公約数であった. さて, 式 (7.3) の $10 \times 4$ を左辺に移項し,

$$1 = 41 - 10 \times 4 \tag{7.5}$$

と書き直す. 同様に式 (7.2) を $10 = 51 - 41 \times 1$ と書き直し, これを式 (7.5) の右辺の 10 に代入して,

$$1 = 41 - (51 - 41 \times 1) \times 4 = -51 \times 4 + 41 \times 5. \tag{7.6}$$

式 (7.1) を $41 = 143 - 51 \times 2$ と書き直し, これを式 (7.6) の 41 に代入して,

$$1 = -51 \times 4 + (143 - 51 \times 2) \times 5 = 143 \times 5 - 51 \times 14.$$

よって, 問題 7.2 の (2) の整数解の 1 つとして $(x, y) = (5, -14)$ を得ることができた. 検算してみると, $143 \times 5 = 715$, $51 \times 14 = 714$ だから, 確かに $(x, y) = (5, -14)$ は問題 7.2 の (2) の整数解である.

　以上のように, ユークリッドの互除法の割り算 (7.1)〜(7.3) を下から利用していくことで, 問題 7.2 の (2) の整数解を見つけることができた. 問題を解いて, 計算方法を確認してみよう.

**問題 7.3**　(1) $d = \gcd(609, 899)$ を計算せよ.
　(2) $609x - 899y = d$ の整数解 $(x, y)$ を 1 組求めよ.

　さて, 上のような問題を一般的な状況で考えてみよう. $a, b, c$ は整数で, $a$ と $b$ のうち少なくとも一方は 0 でないとする. このとき, **整数係数 1 次方程式**

$$ax + by = c \tag{7.7}$$

は整数解 $(x, y)$ を持つか, また, 整数解を持つとすればどのように計算すればいいかを説明する. 本章の目標は次の定理を示すことである.

**定理 7.1**　$a, b, c$ は整数で, $a, b$ のうち少なくとも一方は 0 でないとする. $d = \gcd(a, b)$ とおく. このとき, 式 (7.7) が整数解 $(x, y)$ を持つための必要十分条件は, $d \mid c$ となることである.

$b = 0$ の場合, $d = \gcd(a, 0) = |a|$ である. よって, 定理の主張は「$ax + 0y = c$ が整数解 $(x, y)$ を持つことと, $|a| \mid c$ は同値」となるが, これは明らかである. 以下, $b > 0$ の場合を考える. 定理を示すには,

　　(1) 式 (7.7) が整数解を持つならば, $d \mid c$.

　　(2) $d \mid c$ ならば, 式 (7.7) は整数解を持つ.

の2点を示せばよい. 下に見るように, (1) はすぐにわかる.

**(1) の証明**　$d$ は $a$ と $b$ の共通の約数だから, $a = da'$, $b = db'$ ($a'$, $b'$ は整数) と書ける. 式 (7.7) の整数解を $(x_0, y_0)$ とすると,

$$c = ax_0 + by_0 = (da')x_0 + (db')y_0 = d(a'x_0 + b'y_0).$$

整数は和と積について閉じているので, $a'x_0 + b'y_0$ は整数であり, $d \mid c$ がわかった. ∎

**(2) の証明**　次に $c$ が $d$ の倍数のとき, 式 (7.7) は整数解を持つか, そして整数解を持つ場合の計算方法を一般的な状況で説明する. まず, $c$ は $d$ の倍数だから, $c = dc'$ ($c'$ は整数) と書けることに注意しよう. 仮に

$$ax + by = d \tag{7.8}$$

が整数解 $(x_0, y_0)$ を持つとすると, $ax_0 + by_0 = d$ である. これを $c'$ 倍することで $ac'x_0 + bc'y_0 = c'd = c$ となる. よって, 式 (7.7) の整数解として $(x, y) = (c'x_0, c'y_0)$ が取れる. ゆえに, 式 (7.8) が整数解を持つことを示すことができれば, $d \mid c$ のとき式 (7.7) が整数解を持つことがわかる.

　以下, 式 (7.8) が整数解を持つことをユークリッドの互除法を用いて証明する. 割り算の原理を繰り返し用いることにより,

$$a = bq_1 + r_1, \tag{7.9}$$

$$b = r_1 q_2 + r_2, \tag{7.10}$$

$$\cdots$$

$$r_{l-4} = r_{l-3} q_{l-2} + r_{l-2}, \tag{7.11}$$

$$r_{l-3} = r_{l-2} q_{l-1} + r_{l-1}, \tag{7.12}$$

$$r_{l-2} = r_{l-1}q_l \tag{7.13}$$

となる整数の組 $(q_1, r_1), (q_2, r_2), \ldots, (q_{l-1}, r_{l-1}), (q_l, 0)$ を見つけることができた. そして, $r_{l-1} = d\,(= \gcd(a, b))$ であった. 式 (7.12) より,

$$d = r_{l-3} - r_{l-2}q_{l-1}$$

となる. これに, 式 (7.11) からの帰結 $r_{l-2} = r_{l-4} - r_{l-3}q_{l-2}$ を代入して,

$$d = r_{l-3} - (r_{l-4} - r_{l-3}q_{l-2})q_{l-1}$$
$$= -q_{l-1}r_{l-4} + (1 + q_{l-2}q_{l-1})r_{l-3}.$$

となる. $-q_{l-1}$ および $1 + q_{l-2}q_{l-1}$ は整数であることに注意する. これを繰り返していくと,

$$d = r_1 x_1 + r_2 y_1$$

となる整数 $x_1, y_1$ を見つけることができる. 式 (7.10) の帰結 $r_2 = b - r_1 q_2$ と式 (7.9) の帰結 $r_1 = a - bq_1$ を順番に代入することで, 式 (7.8) の整数解を構成することができ, 結論を得る. ∎

　具体例を見た後に証明したので, 上の説明で式 (7.8) が整数解を持つことを感覚的には理解できるだろう. しかし, 感覚に頼るのはしばしば重大な勘違いや見落としを生むことになる. 上の説明で証明が完了したことにするが[1], 式 (7.8) が整数解を持つことを示すには**数学的帰納法**と呼ばれる証明方法が有効である. 次章では数学的帰納法を学習する.

> **問題 7.4**　次の方程式の整数解を 1 組見つけよ. 整数解がない場合は, 簡単な理由とともに「解なし」と答えること.
> 　(1) $6x + 3y = 2$,　　(2) $14x - 37y = 3$.

**注意 7.2**　本章では整数係数 1 次方程式の整数解の有無を知る方法, 整数解が存在する場合は整数解を 1 組求める方法を学習した. 実は整数解を1組見つけると, 整数解をすべて求めることができる. 興味のある人は第 9 章まで順番に読み進めた後, (問題 10.9 および) 問題 10.11 に取り組まれたい.

---

[1] 式 (7.8) が整数解を持つことを示すのに数学的帰納法をどのように用いればいいかを知りたい人は, 次章の内容を理解した後, 付録の A.2 節を読んでいただきたい.

# 8

# 数学的帰納法と $\Sigma$ 記号

$a$ と $b$ は整数で, 少なくとも一方は $0$ でないとする. $d = \gcd(a, b)$ とおくとき,

$$ax + by = d$$

が整数解 $(x, y)$ を持つことを前章で証明した. その証明はユークリッドの互除法の計算を逆に用いて整数解を構成するものであった. ただし, 具体例をいくつか計算した経験に基づく少し苦しい証明であったと思う. 前章でこの事実の証明は完了したものとするが, 今後も似た状況が現れることになる. そこで, 本章では強力な証明手法である数学的帰納法を学習する.

まず, 数学的帰納法の原理を簡単に説明する. 数学的帰納法が有効なのは,

すべての正の整数 $n$ に対し, 主張 $P(n)$ が成り立つ      (8.1)

という主張を証明するときである. ただし, $P(n)$ は $n$ に関係する主張を意味するものとする[1]. このような主張を示すときに用いられる次の手法を**数学的帰納法** (mathematical induction) という:

(I1) $P(1)$ を証明する.

(I2) すべての正の整数 $k$ に対し, 「$P(k)$ が成り立つと仮定したとき, $P(k+1)$ が成り立つ」ことを証明する.

上の (I1) および (I2) ができると主張 (8.1) が正しいことを説明する. まず, (I1) より $P(1)$ が正しいことがわかる. 次に, (I2) で $k = 1$ としてみると「$P(1)$ が成り立つならば $P(2)$ が成り立つ」ことがわかる. すでに $P(1)$ は正しいこと

---

[1] たとえば, 補題 8.1 でいうと, $P(n)$ は「$1 + n \leq 2^n$ が成り立つ」となる.

がわかっているので, $P(2)$ の成立がわかる. 次に (I2) で $k = 2$ としてみると ...
と順々に繰り返すことで, (8.1) が正しいことがわかるのである.

　一般論はこれぐらいにして, 次の主張を数学的帰納法で証明してみよう.

---

**補題 8.1** すべての正の整数 $n$ に対し, $1 + n \leq 2^n$ が成り立つ.

---

**証明** $n$ に関する数学的帰納法により証明する. $n = 1$ のとき, (左辺)$= 1 + 1 = 2$,
(右辺)$= 2^1 = 2$ だから, 確かに $1 + n \leq 2^n$ は成立する.

　次に, $k$ を正の整数とし, $n = k$ のとき示すべき不等式

$$1 + k \leq 2^k \tag{8.2}$$

が成り立つと仮定する. 示すべき不等式について, $n = k + 1$ のときの (右辺)$-$(左
辺) を考える. $2^{k+1} = 2 \times 2^k$ に注意すると, 仮定 (8.2) と $k > 0$ より,

$$2^{k+1} - \{1 + (k + 1)\} = 2 \times 2^k - (k + 2) \geq 2(1 + k) - (k + 2)$$
$$= k \geq 0.$$

よって, $1 + (k + 1) \leq 2^{k+1}$ である. ゆえに, $n = k$ のとき不等式が成り立つと
仮定すると, $n = k + 1$ のときも示すべき不等式が成り立つ.

　以上より, すべての正の整数 $n$ に対し, $1 + n \leq 2^n$ が成り立つ. ∎

　問題を解いて, 数学的帰納法の使い方をマスターしよう.

---

**問題 8.1** すべての正の整数 $n$ に対し, $1$ から $n$ までの総和が $\dfrac{n(n+1)}{2}$ となること,
つまり,

$$1 + 2 + \cdots + n = \frac{n(n+1)}{2} \tag{8.3}$$

を数学的帰納法で証明せよ[2].
　**ヒント**:$1 + 2 + \cdots + k + (k + 1) = (1 + 2 + \cdots + k) + (k + 1)$ に注意せよ.

---

　数学的帰納法にはいろいろなバージョンがあるので, それを紹介する. 主張
(8.1) を証明する際, 次のようにやってもよい.

---

[2] 式 (8.3) の左辺は $1$ から $n$ までの和であることに注意すること. 特に, $n = 1$ の場合は左辺
は $1$ で, $+2$ は登場しない. 本当は左辺の書き方はよくないのである.

(I1′) $P(1)$ を証明する.

(I2′) すべての正の整数 $k$ に対し,「$P(1),\ P(2),\ldots,P(k)$ がすべて成り立つ
ならば, $P(k+1)$ が成り立つ」ことを証明する.

最初のステップは前に説明したものと一緒だが, 2 番目では, $P(1),\ldots,P(k)$ が
すべて成り立つことを仮定して $P(k+1)$ を示すのである. 前に説明したものと
同様に考えることで, 上の 2 つができれば主張 (8.1) の成立がわかる.

さて, 問題 8.1 について, $1+2+\cdots+n$ という表記は $n=1$ の場合に誤解を
与えるのでよくない, と脚注に書いた. また, $\cdots$ の部分は読み手の想像に任せる
ところがあり, 場合によっては誤解を与える原因になる. このような誤解を避け
るため, $\Sigma$ 記号を学習しておこう. まず, **数列**とは,

$$a_1, a_2, \ldots$$

のように番号をつけた数の並びのことである. 上のように, 1 番目から始まり, $n$
番目に $a_n$ が対応する数列のことを $\{a_n\}$ または $\{a_n\}_{n=1}^{\infty}$ などと書く. また, $a_k$
を数列 $\{a_n\}$ の第 $k$ 項などという. 数列 $\{a_n\}$ と $1 \leq M \leq N$ なる整数 $M, N$ に
対し, $\displaystyle\sum_{j=M}^{N} a_j$ を以下で定義する :

$$\sum_{j=M}^{N} a_j = a_M\ \text{から}\ a_N\ \text{までの和.} \tag{8.4}$$

たとえば,

$$\sum_{j=1}^{1} a_j = a_1, \qquad \sum_{j=1}^{5} a_j = a_1 + a_2 + a_3 + a_4 + a_5$$

$$\sum_{j=5}^{7} a_j = a_5 + a_6 + a_7$$

などとなる. なお, 上では $j$ を走る和として表したが, (目下の文脈で別の意味で
使われている文字でない限り) どのような文字を用いてもよい. つまり, 正の整

数 $n$ に対し,

$$\sum_{j=1}^{n} a_j = \sum_{l=1}^{n} a_l = \sum_{i=1}^{n} a_i$$

である[3)]. 問題 8.1 で示すべき主張を $\Sigma$ 記号を用いて書くと,「すべての正の整数 $n$ に対し,

$$\sum_{j=1}^{n} j = \frac{n(n+1)}{2}$$

が成り立つ」ということになる.

**問題 8.2**　すべての正の整数 $n$ に対し,

$$\sum_{j=1}^{n} j^2 = \frac{n(n+1)(2n+1)}{6} \tag{8.5}$$

が成り立つことを示したい. 次の問に答えよ.

(1)　$\displaystyle\sum_{j=1}^{1} j^2, \sum_{j=1}^{2} j^2, \sum_{j=1}^{3} j^2$ を $\Sigma$ 記号の定義に従って計算せよ.

(2)　数学的帰納法を用いて式 (8.5) を証明せよ.

**(2) のヒント**：　すべての正の整数 $n$ に対し,

$$\sum_{j=1}^{n+1} j^2 = \sum_{j=1}^{n} j^2 + (n+1)^2 \tag{8.6}$$

が成り立つことに注意せよ. なぜ等式 (8.6) が成り立つのかは, 両辺の意味を考えてみること.

---

[3)] 本書では第 1 章を除き虚数単位が出てこないので, 最後の等式のように $i$ を用いることが許される. 複素数を頻繁に扱い, かつ虚数単位を $i$ としている場合, 最後の式のように $i$ を走る和として書くのは避けるべきである.

# 9

# 整数係数 1 次方程式の理論の活用

第 7 章では次の定理を証明した：

**定理 9.1** (= 定理 7.1)　$a, b, c$ は整数で, $a$ と $b$ の少なくとも一方は 0 でないとする. $d = \gcd(a, b)$ とおく. このとき,

$$ax + by = c \tag{9.1}$$

が整数解を持つための必要十分条件は, $d \mid c$ となることである.

この定理は, $a, b, c$ が具体的に与えられたとき, 整数係数 1 次方程式 (9.1) の整数解の有無を調べるのに有用であった. 実はこの定理は理論的にも有用であり, それを学ぶのが本章の目的である. 次の定理は典型的な定理 9.1 の活用例であり, 素因数分解を考えるときの基礎となるものである.

**定理 9.2**　$a$ は 0 でない整数, $b$ と $c$ は整数で, $\gcd(a, b) = 1$ が成り立つとする. このとき, $a \mid (bc)$ ならば $a \mid c$ が成り立つ.

**証明**　$\gcd(a, b) = 1$ より, 定理 9.1 から $ax_0 + by_0 = 1$ を満たす整数 $x_0$, $y_0$ が存在する. 両辺を $c$ 倍して,

$$acx_0 + bcy_0 = c.$$

左辺第 1 項は $a$ で割り切れる. また, 仮定 $a \mid (bc)$ より左辺第 2 項も $a$ で割り切れる. よって, 右辺も $a$ で割り切れなくてはいけない. これは $a \mid c$ を意味する. ∎

第 4 章で学んだように, 2 以上の整数 $p$ が 1 と $p$ 以外に正の約数を持たないと

き, $p$ は素数であるという. 定理 9.2 より, 次の事実がわかる.

> **系 9.3** $p$ を素数, $b, c$ を整数とする. このとき, $p \mid (bc)$ ならば, $p \mid b$ または $p \mid c$ の少なくとも一方が成り立つ.

**証明**　$p \mid b$ のときは結論が正しいので, 以下, $p \nmid b$ として考える. このとき $\gcd(p, b) = 1$ だから[1], 定理 9.2 で $a = p$ とすれば $p \mid c$ が成り立ち, 結論を得る. ∎

　系 9.3 と同等の主張であるが, 次が成り立つことに注意しておこう.

> **系 9.4** $p$ を素数, $b, c$ を整数とする. このとき, $p \nmid b$ かつ $p \nmid c$ ならば $p \nmid (bc)$ が成り立つ.

**証明**　これは系 9.3 の対偶命題で, 系 9.3 が正しいことをすでに証明したので系 9.4 が成り立つ. もしくは, 背理法でも証明できる. すなわち, $p \mid (bc)$ が成り立つと仮定すると, 系 9.3 より $p \mid b$ または $p \mid c$ が成り立ち, 系 9.4 の仮定「$p \nmid b$ かつ $p \nmid c$」に反する. ∎

　系 9.3 の特別な場合を考えてみる. $p = 2$ とすると, 「2 つの整数 $b, c$ について, それらの積 $bc$ が 2 で割り切れるならば, $b, c$ の少なくとも一方は 2 で割り切れる」となり, ごく自然に使っていることと了承されるだろう. 実は, 系 9.3 は素因数分解が本質的に 1 通りであることを証明する際, 極めて重要な役割を果たす. 詳細は第 12 章で学習することにする.

> **問題 9.1**　$x^2 = 3$ を満たす有理数 $x$ は存在しないことを証明せよ. (第 1 章の問題 1.3 と同じ問題であるが, 系 9.3 を踏まえてもう一度考えてほしい.)

> **問題 9.2**　$p$ を素数とする. 系 9.4 を用いて $\gcd((p-1)!, p) = 1$ が成り立つことを確認せよ. ただし, 正の整数 $n$ に対し, $n! = 1 \times 2 \times \cdots \times n$ である.
> **ヒント**：まず $p \nmid (p-1)!$ を確認せよ.

---

[1] $\gcd(p, b)$ は $p$ の正の約数であること, 素数 $p$ の正の約数は 1 と $p$ のみであること, $p \nmid b$ の 3 つに注意して考えよ.

# 10

# 演習問題 I

**問題 10.1** (第 1 章)　$2x^2 = 1$ を満たす有理数 $x$ は存在しないことを示せ.

**問題 10.2** (第 2 章)　集合 $X$ を $X = \{3x + 7y \mid x, y$ は整数 $\}$ で定める. このとき, $X = \mathbb{Z}$ を示せ.

**問題 10.3** (第 3 章)　$-52 = 7q + r$ かつ $0 \leq r < 7$ を満たす整数 $q, r$ を求めよ.

**問題 10.4** (第 4 章)　次の整数の正の約数をすべて求めよ.

  (1) 16,　　(2) 45,　　(3) 144,　　(4) 176.

**問題 10.5** (第 5 章, 第 6 章)　次の最大公約数を計算せよ.

  (1) $\gcd(12, 27)$,　　　　(2) $\gcd(5609, 6461)$,

  (3) $\gcd(26593, 32881)$,　　　　(4) $\gcd(8989, 4183)$.

**問題 10.6** (第 7 章)　次の整数係数 1 次方程式の整数解 $(x, y)$ の有無を理由をつけて答えよ. 整数解を持つ場合は整数解を 1 つ求めよ.

  (1) $6x - 2y = 2$,　　　　(2) $15x + 66y = -1$,

  (3) $101x - 150y = 2$,　　　　(4) $99x - 41y = -2$.

**問題 10.7** (第 8 章)　$\{a_n\}$, $\{b_n\}$ を実数の数列, $r$ を実数とする. このとき, $\Sigma$ 記号の意味を考えることで, すべての正の整数 $n$ に対し次の等式を確認せよ.

  (1) $\displaystyle\sum_{j=1}^{n}(a_j + b_j) = \sum_{j=1}^{n} a_j + \sum_{j=1}^{n} b_j$,　　　(2) $\displaystyle\sum_{j=1}^{n}(ra_j) = r\sum_{j=1}^{n} a_j$.

**問題 10.8** (第 8 章)　すべての正の整数 $n$ に対し $2^{5n-4} + 3^{n+2}$ が 29 で割り切れることを, 数学的帰納法で証明せよ.

**問題 10.9** (第 7 章, 第 9 章：発展)　$a, b$ は整数で少なくとも一方は 0 でないと

し, $k$ を正の整数とする. このとき,

$$\gcd(ka, kb) = k \gcd(a, b)$$

を示したい. $d = \gcd(a,b)$, $d' = \gcd(ka,kb)$ とおく. 以下の手順により, 示したい等式 $d' = kd$ を証明せよ.

(1) 定理 7.1 より, $ax + by = d$ が整数解 $(x,y)$ を持つことを確認せよ. これを用いて, $d' \mid (kd)$ を証明せよ.

(2) 定理 7.1 より, $(ka)x + (kb)y = d'$ が整数解 $(x,y)$ を持つことを確認せよ. これを用いて, $(kd) \mid d'$ を証明せよ.

(3) 上の 2 つの結果と $kd > 0$, $d' > 0$ を用いて, $d' = kd$ を証明せよ.

**問題 10.10** (発展) (定理 4.10 を理解し, 問題 10.9 を解いた後で取り組むこと.) $a$ と $b$ は整数で少なくとも一方は 0 でないとする. $d = \gcd(a,b)$ とおき, 集合 $X$ および $Y$ を

$$X = \{d' \in \mathbb{Z} \mid d' は d の正の約数 \},$$
$$Y = \{d' \in \mathbb{Z} \mid d' は a と b の正の公約数 \}$$

で定める. このとき, $X = Y$ を示せ.

**問題 10.11** (発展) (定理 7.1 および定理 9.2 を理解し, 問題 10.9 を解いた後で取り組むこと.) $a, b$ を 0 でない整数, $c$ を整数とし, $d = \gcd(a,b)$ とおく. このとき, 次の問に答えよ.

(1) $ax + by = c$ が整数解 $(x,y)$ を持つための必要十分条件を, $a, b, c, d$ のうちのいくつかを用いて説明せよ (証明は不要).

(2) $ax + by = c$ が整数解 $(x,y)$ を持つとし, 整数解の 1 つを $(x_0, y_0)$ とする. このとき, 次の集合の等式を証明せよ.

$$\{(x,y) \mid x,\ y は整数で ax + by = c\}$$
$$= \left\{ \left( x_0 + \frac{b}{d}t,\ y_0 - \frac{a}{d}t \right) \ \middle|\ t は整数 \right\}.$$

# 11

# 素数

本章では素数について学習する. これまでに何度か出てきているが, 改めて素数の定義を与えておこう.

**定義 11.1** (素数, 合成数) $n$ を 2 以上の整数とする. $n$ の正の約数が 1 と $n$ のみであるとき, $n$ は**素数** (prime number) であるという. $n$ が素数でないとき, $n$ は**合成数** (composite number) であるという.

**例 11.2** (1) 2 の正の約数は 1 と 2 のみであるので, 2 は素数である.
(2) 4 の正の約数は 1, 2, 4 であり, 1, 4 以外の約数 2 を持つ. よって, 4 は合成数である.

まず, 与えられた数以下の素数の表を作る方法である, **エラトステネスの篩**を学習する. 30 以下の素数の表を作ることでこの方法を説明する. まず, 1 から 30 までの整数を下のように書き並べ, 1 を消す:

$$\begin{array}{cccccccccc} \cancel{1} & 2 & 3 & 4 & 5 & 6 & 7 & 8 & 9 & 10 \\ 11 & 12 & 13 & 14 & 15 & 16 & 17 & 18 & 19 & 20 \\ 21 & 22 & 23 & 24 & 25 & 26 & 27 & 28 & 29 & 30 \end{array}$$

次に, 2 に丸をつけ, リストにあるそれ以外の 2 の倍数をすべて消す:

$$\begin{array}{cccccccccc} \cancel{1} & ② & 3 & \cancel{4} & 5 & \cancel{6} & 7 & \cancel{8} & 9 & \cancel{10} \\ 11 & \cancel{12} & 13 & \cancel{14} & 15 & \cancel{16} & 17 & \cancel{18} & 19 & \cancel{20} \\ 21 & \cancel{22} & 23 & \cancel{24} & 25 & \cancel{26} & 27 & \cancel{28} & 29 & \cancel{30} \end{array}$$

印のついていない数の中で最小の整数である 3 に注目する. 3 に丸をつけ, それ以外の 3 の倍数をすべて消す:

| ~~1~~ | ② | ③ | 4 | 5 | 6 | 7 | 8 | 9 | ~~10~~ |
|---|---|---|---|---|---|---|---|---|---|
| 11 | ~~12~~ | 13 | ~~14~~ | ~~15~~ | ~~16~~ | 17 | ~~18~~ | 19 | ~~20~~ |
| ~~21~~ | ~~22~~ | 23 | ~~24~~ | 25 | ~~26~~ | ~~27~~ | ~~28~~ | 29 | ~~30~~ |

印のついていない数字の中で最小の整数である 5 に注目する. 5 に丸をつけ, それ以外の 5 の倍数をすべて消す:

| ~~1~~ | ② | ③ | 4 | ⑤ | 6 | 7 | 8 | 9 | ~~10~~ |
|---|---|---|---|---|---|---|---|---|---|
| 11 | ~~12~~ | 13 | ~~14~~ | ~~15~~ | ~~16~~ | 17 | ~~18~~ | 19 | ~~20~~ |
| ~~21~~ | ~~22~~ | 23 | ~~24~~ | ~~25~~ | ~~26~~ | ~~27~~ | ~~28~~ | 29 | ~~30~~ |

　次は 7 に注目するのであるが, 7 以外の 7 の倍数 14, 21, 28 はすでに消えている. 同様に 11 以外の 11 の倍数である 22, さらには 13 以外の 13 の倍数である 26 も消えている. 17 以外の 17 の倍数で 30 以下のものはないので, ここでアルゴリズムを終了する. 以上の操作で消されなかった 2, 3, 5, 7, 11, 13, 17, 19, 23, 29 が 30 以下の素数のすべてである.

　与えられた数以下の素数をすべて求める上の方法を, **エラトステネスの篩**という. エラトステネスの篩は本質的に足し算しか使っていないことに特徴がある. 特に, 他の演算に比べ計算が大変な割り算をまったく使っていないため, 素数のリストを効率的に作ることができる.

> **問題 11.1**　エラトステネスの篩を用いて, 50 以下の素数をすべて求めよ.
>
> | 1 | 2 | 3 | 4 | 5 | 6 | 7 | 8 | 9 | 10 |
> |---|---|---|---|---|---|---|---|---|---|
> | 11 | 12 | 13 | 14 | 15 | 16 | 17 | 18 | 19 | 20 |
> | 21 | 22 | 23 | 24 | 25 | 26 | 27 | 28 | 29 | 30 |
> | 31 | 32 | 33 | 34 | 35 | 36 | 37 | 38 | 39 | 40 |
> | 41 | 42 | 43 | 44 | 45 | 46 | 47 | 48 | 49 | 50 |
>
> **問題 11.2** (発展)　エラトステネスの篩で $n$ 以下の素数をすべて求めることを考える. このとき, $\sqrt{n}$ 以下の数までアルゴリズムに従って数を消せば十分である. たとえば, 30 以下でアルゴリズムに従って数を消したとき, $\sqrt{30}$ より大きい 7 に着目したとき, 7 以外の 7 の倍数はすでに消されていた. この理由を考えよ.
> **ヒント**：$n$ 以下の素数をすべて求めるアルゴリズムで, $\sqrt{n}$ 以下の数に注目して数を

消し終えたとする. そして, 印のついていない数 $p$ に注目する. このとき, $p > \sqrt{n}$ であり, 消される数は

$$m = pk \qquad (k \text{ は 2 以上の整数})$$

である. いま, $n$ 以下の素数を求めようとしているので, $m \leq n$ としてよい. $k$ を不等式で評価してみると $\cdots$.

素数に関する別の側面を見てみよう. 自然数は無数にあることはすぐにわかるが, 素数は無数に存在するのであろうか. 紀元前 300 年頃に出版されたユークリッドの「原論」には次の事実が記されており, 出版時にはすでに次の事実が知られていたようである.

**定理 11.3** 素数は無数に存在する.

**証明** 素数が有限個しかないとして矛盾を導く. $p_1, p_2, \ldots, p_n$ を素数全体とする. ここで,

$$N = p_1 \times p_2 \times \cdots \times p_n + 1$$

を考える. $N$ は $p_1, \ldots, p_n$ より真に大きい数であるので, $p_1, \ldots, p_n$ のいずれとも一致せず, 合成数である. よって, $N$ は 1, $N$ 以外の正の約数を持つが, そのうちで最小のものを $k$ とおく.

$k$ が素数となることを証明する. $k$ が合成数であったとすると $l \mid k, l \neq 1, k$ なる正の整数 $l$ が存在する. $l \mid k$ および $k \mid N$ より $l \mid N$ である. ところが, $l < k$ であるので, これは $k$ が $N$ の 1, $N$ 以外の約数のうち最小のものであることに矛盾する. よって, $k$ は素数である.

$k$ は素数なので, $p_1, \ldots, p_n$ のどれかに一致していなくてはいけない. ところが, すべての $j$ に対し $N$ を $p_j$ で割った余りは 1 で, $N$ は $p_j$ で割り切れない. $k$ は $N$ の約数であったので, これは矛盾である.

以上より, 「素数が有限個しかない」が誤りであり, 素数は無数にあることが証明された.

**注意 11.4**　上の証明で用いた「$c \mid b$ かつ $b \mid a$ ならば $c \mid a$ が成り立つ」は第 4 章の定理 4.10 で，「$a \div b$ の余りが 0 でなければ $b \nmid a$」は第 4 章の補題 4.3 で証明した．経験的に知っていることに頼っていないか気になる人は，該当箇所を復習すること．

　素数が無数にあることはいろいろな証明法が知られている．興味のある人は，巻末の文献案内にある芹沢 [4] の 117〜118 ページを参照せよ．

---

**発展　素数定理**

　正の実数 $x$ に対し，$x$ 以下の正の整数はだいたい $x$ 個あることはすぐにわかる．このことをもう少しきちんと考えてみる．$x$ 以下の正の整数の個数を $N(x)$ と書くと，$N(x) = [x]$ である．ここで，$[x]$ は $x$ を越えない最大の整数を表す．$[x]$ の定義より $[x] \le x < [x] + 1$ が成り立つ．ゆえに $x - 1 < [x] \le x$ であるので，

$$1 - \frac{1}{x} < \frac{N(x)}{x} \le 1$$

が成り立つ．$x \to \infty$ のとき $\dfrac{1}{x} \to 0$ より，

$$\lim_{x \to \infty} \frac{N(x)}{x} = 1 \tag{11.1}$$

が成り立つ．

　$x$ 以下の素数の個数を $\pi(x)$ と書く．たとえば，5 以下の素数は 2, 3, 5 の 3 つなので，$\pi(5) = 3$ である．$x$ が大きいときの $\pi(x)$ のおおよその値を考えてみよう．定理 11.3 から，$\pi(x) \to +\infty \ (x \to \infty)$ がわかる．また，$x \ge 1$ なる実数 $x$ に対し $\pi(x) < N(x) \le x$ なども容易にわかる．$\pi(x)$ について，式 (11.1) に対応するものはあるのだろうか．実は，

$$\lim_{x \to \infty} \frac{\pi(x)}{\frac{x}{\log_e x}} = 1$$

が知られていて，これを**素数定理**という．ここで，$e = 2.718\ldots$ はネピアの数である．素数定理は，「$x$ が十分大きいとき，$x$ 以下の素数の個数はだいたい $\dfrac{x}{\log_e x}$ である」と主張している．1894 年にド・ラ・バレ・プーサンとアダマールにより独立に証明された．彼らの証明は，リーマンゼータ関数と呼ばれる関数を，(複素数の) 微分積分を用いて調べるものである．本書のレベルを大きく超えているので，証明の詳細は割愛する．

---

# 12

# 素因数分解[1]

$$24 = 2^3 \times 3 \tag{12.1}$$

のように, 2 以上の整数は素因数分解できる. 素因数分解を一般的な状況で考えるとどのように定式化されるかを説明し, 証明することを本章の目標とする.

まず, 我々が知っている素因数分解を定理の形で書くと, 次のとおりとなる.

**定理 12.1** $n$ を 2 以上の整数とする. このとき,

$$n = p_1 \times p_2 \times \cdots \times p_r \tag{12.2}$$

を満たす正の整数 $r$ と素数 $p_1, \ldots, p_r$ が存在する. また, $r$ の値は 1 通りに定まる. さらに, $p_1, \ldots, p_r$ は順序の入れ替えを除いて 1 通りに定まる.

この定理について補足する. 式 (12.1) より, $n = 24$ の場合, $r = 4$, $p_1 = p_2 = p_3 = 2$, $p_4 = 3$ と取れば式 (12.2) が成立する. もちろん, $p_1 = p_3 = p_4 = 2$, $p_2 = 3$ としてもいいのであるが, 順序を交換すれば前のものと一致する. このような並び替えの差を除けば 1 通りに $p_1, \ldots, p_r$ が存在する, ということを定理 12.1 は主張している.

式 (12.2) で同じ素数のものをまとめると, 正の整数 $s$ と異なる素数 $q_1, \ldots, q_s$, 正の整数 $e_1, \ldots, e_s$ に対し,

$$n = q_1^{e_1} \times \cdots \times q_s^{e_s} \tag{12.3}$$

と書ける. 素因数分解の書き方としては, こちらの方が標準的である.

---

[1] 本章の内容, 特に証明はやや難しい. 定理 12.1 の主張を理解したら次章に進んでもよい.

次の 2 つに分けて定理 12.1 を証明する.

(1) 2 以上のすべての整数は, 素数の積で書けること.

(2) 2 以上のすべての整数の素因数分解は, 素数の並べ方の順序の違いを除いて 1 通りに決まること.

まず, 1 つ目の主張を証明する. これは $n$ に関する数学的帰納法で証明される.

**素数の積で書けることの証明**　$n = 2$ のときは, $r = 1$, $p_1 = 2$ と取れば $n = p_1$ が成り立ち, 2 は素数 (の積) で書ける.

$k \geq 2$ とし, $2, 3, \ldots, k$ がすべて素数の積で書けると仮定する. このとき, $k+1$ も素数の積で表されることを証明する. まず, $k+1$ が素数のときは $r = 1$, $p_1 = k+1$ とおけば, $k+1 = p_1$ であり, $k+1$ が素数 (の積) で書ける. $k+1$ が合成数のときを考える. このとき, $k+1$ は $1$, $k+1$ 以外の正の約数 $a$ を持つ. このとき, $k+1 = ab$ (ただし $b$ は正の整数) と書ける. $a, b \neq k+1$ であるので, $a, b$ は 2 以上 $k$ 以下の整数である. よって, 数学的帰納法の仮定から, $a$ と $b$ は

$$a = p_1 \times p_2 \times \cdots \times p_s, \quad b = p_{s+1} \times p_{s+2} \times \cdots \times p_{s+t}$$

(ただし $s, t$ は正の整数, $p_1, \ldots, p_{s+t}$ は素数) と, 素数の積で書ける. よって,

$$k + 1 = ab = p_1 \times p_2 \times \cdots \times p_{s+t}$$

であり, $k+1$ も素数の積で書けることがわかった.

以上より, 2 以上のすべての整数は式 (12.2) の形に書ける. ∎

次に, 素因数分解は本質的に 1 通りであることを示す. この証明で鍵となるのは, 第 9 章で扱った次の事実である.

**定理 12.2** (= 系 9.3)　$p$ を素数, $b, c$ を整数とする. このとき, $p \mid (bc)$ ならば, $p \mid b$ または $p \mid c$ の少なくとも一方が成立する.

これを用いて, 次の定理を証明しておこう.

**定理 12.3**　$r$ を 2 以上の整数, $a_1, \ldots, a_r$ を整数, $p$ を素数とする. このとき, $p \mid (a_1 \times \cdots \times a_r)$ ならば, $p \mid a_j$ を満たす $j \in \{1, 2, \ldots, r\}$ が存在する.

**証明** $r$ に関する数学的帰納法で証明する. $r = 2$ のときは「$p \mid (a_1 \times a_2)$ なら
ば, $p \mid a_1$ または $p \mid a_2$」を主張するものであり, これは定理 12.2 に他ならない.

$k$ を 2 以上の整数とし, $r = k$ のとき定理 12.3 が正しいと仮定する. $p \mid$
$(a_1 \times a_2 \times \cdots \times a_{k+1})$ が成り立つとする. このとき, $p \mid ((a_1 \times \cdots \times a_k) \times a_{k+1})$
だから, 定理 12.2 より, $p \mid (a_1 \times \cdots \times a_k)$ または $p \mid a_{k+1}$ が成り立つ. $p \mid a_{k+1}$
のときは $j = k + 1$ と取ればよい. $p \mid (a_1 \times \cdots \times a_k)$ のときは数学的帰納法の
仮定より, $p \mid a_j$ を満たす $j \in \{1, \ldots, k\}$ が存在する. いずれにしても $p \mid a_j$ を
満たす $j \in \{1, \ldots, k + 1\}$ が存在する. 以上より, 定理 12.3 は証明された. ∎

「ただ一つ存在すること」を証明するには, 2 通りあったとしたら実はそれが
一致することを証明するのが常套手段であった[2]. ここでもこの方法で証明する.

**素因数分解は順序を除いて 1 通りに決まることの証明** $n$ を 2 以上の整数とし,

$$n = p_1 \times p_2 \times \cdots \times p_r = q_1 \times q_2 \times \cdots \times q_s \tag{12.4}$$

と 2 通りの素因数分解があったとする. $r \geq s$ の場合を考える. 式 (12.4) より,
$p_1 \mid (q_1 \times \cdots \times q_s)$ である. よって, 定理 12.3 より, $p_1 \mid q_j$ を満たす $j$ が存在す
る. 必要ならば $q_1, \ldots, q_s$ の添え字を付け替えることで $p_1 \mid q_1$ としてよい. $q_1$
は素数であるので, $q_1$ の正の約数は 1 と $q_1$ のみである. $p_1 \neq 1$ だから, $q_1 = p_1$
が成り立つ. これを式 (12.4) に代入して,

$$p_2 \times \cdots \times p_r = q_2 \times \cdots \times q_s$$

を得る. 以下, 同様にして $q_2, \ldots, q_s$ の添え字を付け替えることで $p_2 = q_2$ を得
る. これを繰り返していくと, $q_1, \ldots, q_s$ の添え字を付け替えることで, $p_1 = q_1$,
$p_2 = q_2, \ldots, p_s = q_s$ となる. $r > s$ ならば

$$p_{s+1} \times \cdots \times p_r = 1$$

が成り立つが, 左辺は 2 以上なので矛盾が生じる. よって, $r = s$ である.

$r \leq s$ の場合も同様に考えれば, $r = s$ かつ $q_1, \ldots, q_r$ の適当な並べ替えによ
り $p_1 = q_1, \ldots, p_r = q_r$ が証明される. ∎

---

[2] 第 3 章で割り算の商と余りが 1 通りに決まることを証明するときも, この方法を用いたこと
を思い出そう.

最後に, 素因数分解の存在および一意性を用いて, 以下の主張を証明してみる.

---

**系 12.4** $n$ を 2 以上の整数とし, $n$ の素因数分解が

$$n = p_1^{e_1} \times \cdots \times p_r^{e_r}$$

(ただし, $p_1, \ldots, p_r$ は異なる素数, $e_1, \ldots, e_r$ は正の整数) で与えられたとする. このとき,

$$p_1^{f_1} \times \cdots \times p_r^{f_r} \tag{12.5}$$

(ただし, $f_1, \ldots, f_r$ は整数で $0 \le f_1 \le e_1, \ldots, 0 \le f_r \le e_r$) は $n$ の正の約数であり, $n$ の正の約数は (12.5) の形のものに限られる. 特に, $n$ の正の約数の個数は $(e_1 + 1) \times \cdots \times (e_r + 1)$ 個である.

---

**証明** $n = (p_1^{f_1} \times \cdots \times p_r^{f_r}) \times (p_1^{e_1 - f_1} \times \cdots \times p_r^{e_r - f_r})$ と表せるので, (12.5) は $n$ の正の約数である.

逆に, $d$ を $n$ の正の約数とするとき, $d$ は式 (12.5) の形で書けることを見る. $d \mid n$ より, $n = dk$ となる整数 $k$ が存在する. また, $n > 0, d > 0$ より $k > 0$ である. $d$ と $k$ を

$$d = q_1 \times \cdots \times q_s, \qquad k = q_1' \times \cdots \times q_t'$$

(ただし, $q_1, \ldots, q_s, q_1', \ldots, q_t'$ は素数) と素因数分解する. このとき,

$$n = dk = q_1 \times \cdots \times q_s \times q_1' \times \cdots \times q_t'$$

は $n$ の素因数分解である. 素因数分解の一意性より, $q_1 \sim q_s, q_1' \sim q_t'$ はすべて $p_1, \ldots, p_r$ のいずれかであり, $p_1$ はちょうど $e_1$ 回, $\ldots$, $p_r$ はちょうど $e_r$ 回現れる. よって, $q_1 \sim q_s$ はすべて $p_1, \ldots, p_r$ のいずれかで, $p_1$ は $e_1$ 回以下, $\ldots$, $p_r$ は $e_r$ 回以下現れる. よって, $d$ は式 (12.5) の形に表せる.

最後に $n$ の正の約数の個数を数える. 式 (12.5) について, 各 $j$ に対し, $f_j$ の選び方は $0, 1, \ldots, e_j$ の $(e_j + 1)$ 個ある. 素因数分解の一意性より, $(f_1, \ldots, f_r)$ の選び方が異なれば式 (12.5) の値も異なる. ゆえに $n$ の正の約数の個数は全部で $(e_1 + 1) \times \cdots \times (e_r + 1)$ 個ある. ∎

# 13

# 合同式 Ⅰ

これまでは，主に割り切れるか否かについて考えてきた．$a$ が $b$ で割り切れることと $a \div b$ の余りが $0$ であることは同値であり，余りに着目することが整数論にとって重要であることは薄々感じ取っていると思う．また，身の回りのことを考えてみると，曜日は日にちを $7$ で割った余りが本質であることもご存知であろう．この章では，余りを扱うときに便利な合同式を学ぶ．いきなりであるが，合同式の定義を述べる．

> **定義 13.1**（合同式）　$a, b$ を整数，$m$ を正の整数とする．$b - a$ が $m$ で割り切れるとき，$a$ と $b$ は $m$ を法として**合同**であるといい，
>
> $$a \equiv b \pmod{m}$$
>
> と表す．$a$ と $b$ が $m$ を法として合同でないとき，$a \not\equiv b \pmod{m}$ と表す．

例 13.2　　16 と 28 は 3 を法として合同かどうか調べてみよう．$28 - 16 = 12$ であり，これは 3 で割り切れる．よって，$16 \equiv 28 \pmod{3}$ である．一方，$28 - 16 = 12$ は 9 で割り切れないので，$16 \not\equiv 28 \pmod{9}$ である．

> **問題 13.1**　下の中から正しいものをすべて選べ．
>
> (1) $5 \equiv 17 \pmod{4}$,　　　(2) $17 \equiv 5 \pmod{4}$,　　　(3) $21 \equiv 32 \pmod{6}$,
> (4) $-31 \equiv 41 \pmod{3}$,　　　(5) $11 \equiv 11 \pmod{763}$.

最初に合同式は余りに着目した概念であると述べたが，次が成り立つ．

**定理 13.3**　$m$ を正の整数, $a$ と $b$ を整数とする. このとき, $a \equiv b \pmod{m}$ が成り立つことと, $a \div m$ の余りと $b \div m$ の余りが等しいことは同値である.

**証明**　$a \equiv b \pmod{m}$ が成り立つとき, $a \div m$ の余りと $b \div m$ の余りが等しいことを証明する. 割り算の原理 (第 3 章, 定理 3.1) より,

$$a = mq_1 + r_1, \qquad b = mq_2 + r_2$$

かつ $0 \leq r_1, r_2 < m$ を満たす整数 $q_1, q_2, r_1, r_2$ が存在する. よって,

$$b - a = m(q_2 - q_1) + r_2 - r_1.$$

いま, $b - a$ が $m$ で割り切れるので, $r_2 - r_1$ も $m$ で割り切れる. また, $0 \leq r_1, r_2 < m$ より $-m < r_2 - r_1 < m$ が成り立つ. $m$ の倍数で絶対値が $m$ より小さい整数は $0$ のみであるので, $r_2 - r_1 = 0$. つまり, $r_1 = r_2$ を得る. これは $a \div m$ の余りと $b \div m$ の余りが等しいことを意味する.

　$a \div m$ の余りと $b \div m$ の余りが等しいとき, $a \equiv b \pmod{m}$ が成り立つことは容易に確認できる. 各自で確認すること. ∎

　合同式は通常の等号 $=$ と似た, 次の性質を持つ.

**定理 13.4**　$m$ を正の整数, $a, b, c$ を整数とすると, 次が成り立つ.

(1) $a \equiv a \pmod{m}$.

(2) $a \equiv b \pmod{m}$ が成り立つならば, $b \equiv a \pmod{m}$ が成り立つ.

(3) $a \equiv b \pmod{m}$ および $b \equiv c \pmod{m}$ が成り立つならば, $a \equiv c \pmod{m}$ が成り立つ.

**証明**　すべて合同式の定義に立ち返ることで容易に証明される. ここでは (3) のみを証明する. $a \equiv b \pmod{m}$ より, $b - a$ は $m$ で割り切れる. よって, $b - a = mk$ を満たす整数 $k$ が存在する. 同様に, $b \equiv c \pmod{m}$ より $m \mid (c - b)$, つまり, $c - b = ml$ を満たす整数 $l$ が存在する. よって,

$$c - a = (c - b) + (b - a) = ml + mk = m(l + k)$$

となり, $m \mid (c - a)$, つまり $a \equiv c \pmod{m}$ を得る. ∎

**問題 13.2** 定理 13.3 の証明を残した部分, および定理 13.4 の (1), (2) を証明せよ.

もう少し合同式の計算で成り立つ性質を述べる.

**定理 13.5** $m$ を正の整数, $a, b, c, d$ を整数とし, $a \equiv b \pmod{m}$ および $c \equiv d$ $\pmod{m}$ が成り立つとする. このとき, 次が成り立つ.

(1) $a + c \equiv b + d \pmod{m}$.

(2) $a - c \equiv b - d \pmod{m}$.

(3) $ac \equiv bd \pmod{m}$.

(4) 正の整数 $n$ に対し, $a^n \equiv b^n \pmod{m}$.

定理 13.5 の (1)–(3) は, 法 $m$ で $a \pm c, a \times c$ を計算するとき, $a, c$ を法 $m$ で合同な整数に置き換えてよい, ということである. これらは合同式の定義から容易に証明できる. 問題として出題する (問題 13.6) ので, 各自で証明を試みよ.

具体的な数の合同式を扱うとき, 以下の性質は有用である.

**補題 13.6** $a, b, k$ は整数で, $m$ は正の整数とする. このとき, 次が成り立つ:
- $a \equiv a + km \pmod{m}$.
- $a \equiv (a \div m \text{ の余り}) \pmod{m}$.

**証明** 1 つ目は $(a + km) - a = km$ は $m$ で割り切れること, 2 つ目は定理 13.3 より直ちにわかる. ∎

以下では, 具体例で合同式の有用性を見る.

**例 13.7** $11 + 15, 11 \times 15$ を 7 で割った余りを計算する. $11 \equiv 4 \pmod 7$, $15 \equiv 1 \pmod 7$ であるから, 定理 13.5 の (1) と (3) より,

$$11 + 15 \equiv 4 + 1 = 5 \pmod 7,$$
$$11 \times 15 \equiv 4 \times 1 = 4 \pmod 7.$$

よって, $(11 + 15) \div 7$ の余りは 5, $(11 \times 15) \div 7$ の余りは 4 である.

**例 13.8**　$2^{20}$ を 15 で割った余りを計算する. $2^4 = 16 \equiv 1 \pmod{15}$ に注意すると, 定理 13.5 の (4) より,

$$2^{20} = (2^4)^5 \equiv 1^5 = 1 \pmod{15}.$$

よって, $2^{20}$ を 15 で割った余りは 1 である.

**例 13.9**　12345 を 3 で割った余りを計算する. まず,

$$12345 = 1 \times 10^4 + 2 \times 10^3 + 3 \times 10^2 + 4 \times 10 + 5 \tag{13.1}$$

に注意する. $10 \equiv 1 \pmod{3}$ だから, 定理 13.5 の (4) より, 正の整数 $n$ に対し $10^n \equiv 1^n = 1 \pmod{3}$ が成り立つ. よって, 定理 13.5 の (1), (3) より,

$$12345 \equiv 1 \times 1 + 2 \times 1 + 3 \times 1 + 4 \times 1 + 5 = 15 \equiv 0 \pmod{3}.$$

ゆえに, 12345 を 3 で割った余りは 0 である.

　一般に, 10 進数表示された整数 $n$ を 3 で割った余りと, $n$ の各桁の和を 3 で割った余りは一致する. この事実は定理 13.5 が保証しているのである.

**例 13.10**　12345 を 11 で割った余りを計算する. $10 \equiv -1 \pmod{11}$ だから, 定理 13.5 の (4) より, 正の整数 $n$ に対し $10^n \equiv (-1)^n \pmod{11}$ が成り立つ. よって, 式 (13.1) より,

$$12345 \equiv 1 \times (-1)^4 + 2 \times (-1)^3 + 3 \times (-1)^2 + 4 \times (-1)^1 + 5$$
$$= 3 \pmod{11}.$$

よって, 12345 を 11 で割った余りは 3 である.

　足し算, 引き算, 掛け算については, 合同式は等号と似た感覚で扱うことができる. 一方, 次の例に見るように, 割り算については注意が必要である.

**例 13.11**　$2 \equiv 6 \pmod{4}$ は正しいが, これを 2 で割った $1 \equiv 3 \pmod{4}$ は不成立である. 実際, $6 - 2 = 4$ は 4 で割れるが, $3 - 1 = 2$ は 4 で割れない.

**問題 13.3**　$23 + 29, 23 \times 29$ を 8 で割ったときの余りを求めよ.

**問題 13.4**　12345 を 9 で割った余りはいくつか.

**問題 13.5**　$3^{10}$ を 10 進数表示したときの下 2 桁を求めよ.

**問題 13.6**　定理 13.5 の (1)〜(4) のいくつかを証明せよ.

# 14

# 合同式 II

　前章では合同式の定義と基本性質を学習した. $m$ を正の整数, $a$ と $b$ を整数とする. $b - a$ が $m$ で割り切れるとき, $a \equiv b \pmod{m}$ と表した. 合同式は等号と似た性質を持つことを学習した. また, 次の性質も紹介した.

**定理 14.1** (=定理 13.5) $m$ を正の整数, $a, b, c, d$ を整数とし, $a \equiv b \pmod{m}$ および $c \equiv d \pmod{m}$ が成り立つとする. このとき, 次が成り立つ.

   (1) $a + c \equiv b + d \pmod{m}$.

   (2) $a - c \equiv b - d \pmod{m}$.

   (3) $ac \equiv bd \pmod{m}$.

   (4) 正の整数 $n$ に対し, $a^n \equiv b^n \pmod{m}$.

　前章では, この定理の証明を各自にゆだねた (問題 13.6). 合同式の定義に立ち返ると, (1)〜(3) は容易に証明できる. (4) は, (3) と数学的帰納法を用いれば証明できる. ここでは, (3) を証明してみよう.

**(3) の証明**　まず, $a \equiv b \pmod{m}$ より, $b - a$ は $m$ で割り切れる. つまり, $b - a = mk$ ($k$ は整数) と書ける. 同様に $c \equiv d \pmod{m}$ だから $d - c$ も $m$ で割り切れる. つまり, $d - c = ml$ ($l$ は整数) と書ける. よって,

$$bd - ac = bd - bc + bc - ac = b(d - c) + (b - a)c$$

$$= b(ml) + (mk)c = m(bl + ck)$$

であるから $bd - ac$ も $m$ で割り切れる. つまり, $ac \equiv bd \pmod{m}$ が成り立つ. ∎

　合同式について, 割り算は自由にできないことも前章で注意した. たとえば, $2 \equiv 6 \pmod 4$ であるが, 両辺を 2 で割った $1 \equiv 3 \pmod 4$ は不成立であった. このように無条件には割り算ができないのであるが, 次のように特別な場合は割り算が可能である.

**定理 14.2**　$\gcd(d, m) = 1$, $da \equiv db \pmod m$ とする. このとき, $a \equiv b \pmod m$ が成り立つ.

　先ほどの $2 \equiv 6 \pmod 4$ の例では, 割ろうとしている数 2 が法 4 と互いに素でなかった. そのため, 割り算を実行すると正しくない合同式がでてしまった. 割ろうとしている数 $d$ と法 $m$ が互いに素なら, 割り算しても正しい, といっているのが定理 14.2 である.

　定理 14.2 の成立を保証するのは, 以前に学習した次の定理である.

**定理 14.3** (=定理 9.2)　$\alpha$ を 0 でない整数, $\beta, \gamma$ を整数で, さらに $\alpha$ と $\beta$ が互いに素とする. このとき, $\alpha \mid (\beta\gamma)$ ならば $\alpha \mid \gamma$ が成り立つ.

**定理 14.2 の証明**　仮定 $da \equiv db \pmod m$ より, $db - da = d(b - a)$ は $m$ で割り切れる. つまり $m \mid \{d(b-a)\}$ である. 仮定から $d$ と $m$ は互いに素であったので, 定理 14.3 より $m \mid (b - a)$ を得る. これは $a \equiv b \pmod m$ を意味する. ∎

　さて, 合同式についての著名な性質であるフェルマーの小定理を紹介する.

**定理 14.4** (フェルマーの小定理)　$p$ を素数, $a$ を $p$ で割り切れない整数とする. このとき, 次が成り立つ:

$$a^{p-1} \equiv 1 \pmod p$$

　この定理が正しいことを, 小さい素数 $p$ に対し確認してみよう. そのため, 前章でも用いたが, まず**指数法則**をおさらいしておこう.

52

> **命題 14.5** (指数法則) $a$ を整数, $m$, $n$ を正の整数とする. このとき, 次が成り立つ.
>
> (1) $a^{m+n} = a^m \times a^n$.
>
> (2) $a^{mn} = (a^m)^n$.

**証明** (1) 右辺を計算すると,

$$a^m \times a^n = \underbrace{(a \times \cdots \times a)}_{m\ \text{個}} \times \underbrace{(a \times \cdots \times a)}_{n\ \text{個}}$$

$$= \underbrace{a \times \cdots \times a}_{(m+n)\ \text{個}} = a^{m+n}.$$

(2) 右辺を計算すると,

$$(a^m)^n = \underbrace{a^m \times \cdots \times a^m}_{n\ \text{個}}$$

$$\left.\begin{array}{l} = \underbrace{(a \times \cdots \times a)}_{m\ \text{個}} \\ \times \cdots \\ \times \underbrace{(a \times \cdots \times a)}_{m\ \text{個}}. \end{array}\right\} \text{括弧}(\quad) \text{の数}: n\ \text{個}$$

$a$ は全部で $\underbrace{m + \cdots + m}_{n\ \text{個の和}} = mn$ 個あるので,

$$(a^m)^n = a^{mn}$$

が成り立つ. ∎

指数法則を用いて, $p = 7$ のときにフェルマーの小定理が正しいことを確認してみる.

**例 14.6** フェルマーの小定理によれば, $2^6 \equiv 1 \pmod 7$ である. これを確認してみる. $2^3 = 8 \equiv 1 \pmod 7$ であるから,

$$2^6 = (2^3)^2 \equiv 1^2 = 1 \pmod 7.$$

次に, $3^6 \equiv 1 \pmod 7$ を確認する. $3^2 = 9 \equiv 2 \pmod 7$ であるから,

$$3^6 = (3^2)^3 \equiv 2^3 = 8 \equiv 1 \pmod 7.$$

**問題 14.1** $4^6 \equiv 5^6 \equiv 6^6 \equiv 1 \pmod 7$ が成り立つことを確認せよ. また, フェルマー の小定理での仮定「$p$ は素数」が必要であることを認識するため, $3^3 \equiv 1 \pmod 4$ が成り立つか考察せよ.

次に, フェルマーの小定理が強力であることを実感するため, フェルマーの小 定理を使ってみよう.

**例 14.7** $3^{100}$ を 23 で割った余りを計算してみよう. フェルマーの小定理より,

$$3^{22} \equiv 1 \pmod{23} \tag{14.1}$$

である. ここで, $100 \div 22$ を計算して, $100 = 22 \times 4 + 12$ だから, 指数法則に より,

$$3^{100} = 3^{22 \times 4 + 12} = 3^{22 \times 4} \times 3^{12} = (3^{22})^4 \times 3^{12}$$

が成り立つ. これに合同式 (14.1) を適用して,

$$3^{100} \equiv 1^4 \times 3^{12} = 3^{12} \pmod{23}.$$

$3^3 = 27 \equiv 4 \pmod{23}$ であるから,

$$3^{12} = (3^3)^4 \equiv 4^4 \pmod{23}$$

が成り立つ. あとは $4^4 = 256$ を 23 で割った余りを直接計算してもよいし, $4^3 = 64 \equiv -5 \pmod{23}$ に注意してもよい. いずれにしても,

$$4^4 \equiv 3 \pmod{23}$$

となり, $3^{100} \equiv 3 \pmod{23}$ を得る. よって, $3^{100}$ を 23 で割った余りは 3 となる.

**問題 14.2** $11^{900}$ を 29 で割った余りを, フェルマーの小定理を用いて求めよ.

# 15

# 写像

前章ではフェルマーの小定理の主張を説明した：

**定理 15.1** (フェルマーの小定理) $p$ を素数, $a$ を $p$ で割れない整数とする. このとき,

$$a^{p-1} \equiv 1 \pmod{p}$$

が成り立つ.

これを用いると, 次のような問題を解くことができた：

**問題 15.1** $5^{800}$ を 37 で割ったときの余りを求めよ.

本章と次章では, フェルマーの小定理の証明を行う. 本章では証明の準備として, 写像の考え方を学習する.

集合 $X$ の各元に集合 $Y$ の元を 1 つずつ対応させる規則 $f$ のことを, $X$ から $Y$ への**写像**という. 写像 $f$ が $X$ から $Y$ への写像であることを明記する場合, $f: X \to Y$ などと書く. また, $x \in X$ に対応する $Y$ の元を $f(x)$ と表す. 集合 $X$ を写像 $f$ の**定義域**, 集合 $Y$ を写像 $f$ の**終域**などという. 集合 $f(X)$ を

$$f(X) = \{ f(x) \mid x \in X \}$$

で定め, $f$ の**値域**という. すべての $x \in X$ に対し $f(x) \in Y$ だから, $f(X) \subset Y$ である.

**例 15.2** 実数 $x$ に対し, 実数 $2x$ を対応させる規則 $f$ を考える. これまではこれを単に $f(x) = 2x$ と書いてきた. 定義域と終域は暗黙の了解として書かない

ことも多かったと思うが, それらを明記する場合,

$$f: \quad \mathbb{R} \quad \longrightarrow \quad \mathbb{R}$$
$$\cup \qquad\qquad \cup$$
$$x \quad \longmapsto \quad 2x$$

もしくは $f: \mathbb{R} \ni x \longmapsto 2x \in \mathbb{R}$ などと書く. 集合間の矢印は通常の矢印 $\longrightarrow$ を, 元の間の矢印は足をつけた $\longmapsto$ を用いる.

**例 15.3**　$X = \{1,2,3,4,5\}$, $Y = \{a,b,c,d\}$ とし, $f : X \longrightarrow Y$ を

$$f(1) = b, \quad f(2) = a, \quad f(3) = d, \quad f(4) = a, \quad f(5) = b$$

で定める. このとき, $f(X) = \{a,b,d\}$ である.

**問題 15.2**　$X = \{1,2,3,4\}$, $Y = \{a,b,c,d\}$ とし, $X$ から $Y$ への写像 $g$ および $h$ を

$$g(1) = a, \qquad g(2) = b, \qquad g(3) = c, \qquad g(4) = d;$$
$$h(1) = d, \qquad h(2) = d, \qquad h(3) = a, \qquad h(4) = a$$

で定める. $g$ および $h$ の値域 $g(X)$, $h(X)$ を求めよ.

次に, 写像の重要な概念である単射と全射を説明する.

**定義 15.4** (単射, 全射, 全単射) $f : X \longrightarrow Y$ を写像とする. このとき,

- $x, x' \in X$ に対し, $x \neq x'$ ならば $f(x) \neq f(x')$ が成り立つとき, $f$ は**単射**であるという.
- すべての $y \in Y$ に対し $y = f(x)$ を満たす $x \in X$ が存在するとき, $f$ は**全射**であるという.
- $f$ が全射かつ単射であるとき, $f$ は**全単射**であるという.

$f$ が単射とは, $X$ の異なる 2 つの元を取ったとき, それらを $f$ で写した行き先も異なるということである. $f$ が全射とは, $f(X) = Y$ が成り立つことに他ならない.

本章で考えたいのは, 集合 $X$ および集合 $Y$ が**有限集合**, つまり, $X$ および $Y$ を構成する元が有限個のときである. $X$ が有限集合のとき, $X$ の元の個数を $|X|$ で表すことにする. たとえば,

$$|\{1,2,3\}| = 3, \quad |\{1,3,5,10,3\}| = |\{1,3,5,10\}| = 4$$

である. 2つ目の例で見たように, 重複しているものは二重三重に数えないことに注意する.

**問題 15.3** 次を計算せよ.
(1) $|\{a, b, c, d, e\}|$,　(2) $|\{n \in \mathbb{Z} \mid -3 \leq n < 2\}|$.

写像, 単射, 全射の定義を理解していれば, 次の2つの命題は容易にわかる.

---

**命題 15.5** $X$, $Y$ を有限集合とし, $f : X \longrightarrow Y$ を写像とする. このとき, 次の不等式が成り立つ:

$$|f(X)| \leq |X|. \tag{15.1}$$

(15.1) で等号が成立するのは $f$ が単射のとき, またそのときに限る.

---

**証明** 不等式 (15.1) を証明する. $X$ の各元に対し $Y$ の元をただ一つ対応させるのが写像の意味だった. すると, $X$ を $f$ で写したときに元の個数が増えることはない. つまり不等式 (15.1) が成り立つ.

次に $f$ が単射のとき, (15.1) の等号が成り立つことを見る. $f$ が単射ならば, $f$ により $X$ の各元は $Y$ の異なる元に対応する. つまり, $X$ を $f$ で写しても元の個数は減らない. つまり, (15.1) の等号が成り立つ.

最後に, $f$ が単射でないとき, (15.1) の等号は成立しないことを見る. そのため, $f$ を単射でないとする. このとき, $x_1 \neq x_2$ および $f(x_1) = f(x_2)$ を満たす $x_1, x_2 \in X$ がある. $x_1, x_2$ は $X$ の中では2つと数えられるが, $f(x_1) = f(x_2)$ は $Y$ の中では1つと数えられる. つまり, $f$ で写したことにより元の個数が少なくとも1つ減ったことになる. ゆえに, $|f(X)| \leq |X| - 1$. 特に (15.1) の等号は成立しない. ∎

---

**命題 15.6** $X$, $Y$ を有限集合とし, $f : X \longrightarrow Y$ を写像とする. このとき, 次の不等式が成り立つ:

$$|f(X)| \leq |Y|. \tag{15.2}$$

(15.2) で等号が成立するのは $f$ が全射のとき, またそのときに限る.

**略証** $f(X) \subset Y$ から容易に不等式 (15.2) が従う. また, $Y$ の部分集合で元の個数が $|Y|$ となるものは $Y$ に限られるので, 等号成立に関する主張もわかる. ∎

**定理 15.7** $X$ および $Y$ を有限集合とし, $|X| = |Y|$ が成り立つとする. このとき, 写像 $f : X \longrightarrow Y$ に対し, 次の (1)~(3) は同値である.

(1) $f$ は全射.

(2) $f$ は単射.

(3) $f$ は全単射.

上の定理は, (1)~(3) のいずれかが正しければ (1)~(3) のすべてが正しい, という主張である.

**証明** まず, 「(1) ならば (2)」を証明する. $f$ が全射であると仮定する. このとき, 命題 15.6 より $|f(X)| = |Y|$ である. いま, $|X| = |Y|$ だったので, $|f(X)| = |X|$ が成り立つ. ゆえに, 命題 15.5 から $f$ は単射である.

次に, 「(2) ならば (3)」を示す. そのため, $f$ は単射であると仮定する. このとき, 命題 15.5 および $|X| = |Y|$ から, $|f(X)| = |X| = |Y|$ である. よって, 命題 15.6 から $f$ は全射である. $f$ は単射かつ全射なので, (3) が成り立つ.

「(3) ならば (1)」は明らかであるので, 定理は証明された. ∎

$X$ を有限集合とし, 定理 15.7 で $Y = X$ とすることで以下が得られる.

**系 15.8** $X$ を有限集合とし, $f : X \to X$ を写像とする. このとき, 次の (1)~(3) は同値である.

(1) $f$ は全射,    (2) $f$ は単射,    (3) $f$ は全単射.

**注意 15.9** 系 15.8 は $X$ が有限集合であるから成り立つ主張である. 「有限」を外すと, 系 15.8 は一般に不成立である. たとえば, $\mathbb{Z}$ から $\mathbb{Z}$ への写像で, 全射だが単射ではない例, 単射だが全射ではない例を実際に作ることができる. 詳細は第 17 章の問題 17.6 および問題 17.7 を見よ.

**問題 15.4** $X = \{0,1,2,3,4,5,6\}$ とする. $X$ から $X$ への写像 $f$ を, $n \in X$ に対し, $f(n) = (10n \div 7 \text{の余り})$ で定める. このとき, $f$ は全単射となることを確認せよ.

**問題 15.5** $X = \{1,2,3,4,5\}, Y = \{a,b\}$ とする. $X$ から $Y$ への写像は全部でいくつあるか. また, $X$ から $Y$ への全射写像は全部でいくつあるか.

# 16

# フェルマーの小定理の証明

第 14 章では次の定理を紹介した:

**定理 16.1** (フェルマーの小定理) $p$ を素数, $a$ を $p$ で割れない整数とする. このとき,

$$a^{p-1} \equiv 1 \pmod{p}$$

が成り立つ.

本章ではフェルマーの小定理の証明を行う. まず, 証明に必要な概念や定理を復習する. 第 14 章では次の定理を証明した:

**定理 16.2** (= 定理 14.2) $\gcd(d, m) = 1$, $da \equiv db \pmod{m}$ とする. このとき, $a \equiv b \pmod{m}$ が成り立つ.

前章では写像を学習した. 写像 $f : X \to Y$ が全射とは $f(X) = Y$ が成り立つことであり, 写像 $f : X \to Y$ が単射とは「$x_1, x_2 \in X$ に対し, $x_1 \neq x_2$ なら $f(x_1) \neq f(x_2)$」が成り立つことであった. また, 次の定理を証明した.

**定理 16.3** (= 系 15.8) $X$ を有限集合とし, $f : X \to X$ を写像とする. このとき, 次の (1)~(3) は同値である.

     (1) $f$ は全射,    (2) $f$ は単射,    (3) $f$ は全単射.

以上の準備の下, フェルマーの小定理の証明をする. まず, $p$ を素数とし, 集

合 $X$ を

$$X = \{1, 2, \ldots, p-1\}$$

で定める. 整数 $n$ に対し, $r(n) = (n \div p$ の余り$)$ とおく. 定義から,

$$n \equiv r(n) \pmod{p} \tag{16.1}$$

が成り立つ. $a$ を $p$ で割れない整数とする. そして, 写像 $f$ を

$$
\begin{array}{ccc}
f: & X & \longrightarrow & X \\
& \cup & & \cup \\
& n & \longmapsto & r(an)
\end{array}
$$

で定める. 系 9.4 より, $n \in X$ のとき $an$ は $p$ で割り切れない, つまり $r(an) \neq 0$ だから, $f(n) \in X$ であることに注意する. 以上の記号の下, 次を証明する.

---

**補題 16.4** $f$ は全単射である. 特に, 次の集合の等式が成り立つ:

$$\{r(a), r(2a), \ldots, r((p-1)a)\} = \{1, 2, \ldots, p-1\}. \tag{16.2}$$

また, 左辺の $r(a), r(2a), \ldots, r((p-1)a)$ は異なる元である.

---

**証明**　定理 16.3 から, $f$ が単射であることを証明すればよい. $n_1, n_2 \in X$ に対し, $n_1 \neq n_2$ ならば $f(n_1) \neq f(n_2)$ が成り立つことを示せばよい. これを示すことと, その命題の対偶

$$f(n_1) = f(n_2) \text{ ならば } n_1 = n_2 \tag{16.3}$$

を示すことは同等なので, (16.3) を証明する. $f(n_1) = f(n_2)$ とする. このとき, $f$ の定義から $r(an_1) = r(an_2)$ である. 合同式 (16.1) より,

$$an_1 \equiv an_2 \pmod{p} \tag{16.4}$$

が成り立つ. いま, $p$ は素数, $p \nmid a$ だから, $\gcd(a, p) = 1$ である. よって, 定理 16.2 より, 合同式 (16.4) の両辺を $a$ で割ることができ, $n_1 \equiv n_2 \pmod{p}$ を得る. これと $n_1, n_2 \in X$ を両立するのは $n_1 = n_2$ に限られる. ゆえに (16.3) が成り立ち, $f$ が単射であることがわかった. 定理 16.3 より, $f$ は全単射である.

$f$ は全射だから, 終域 $X$ と値域 $f(X)$ は一致する. つまり,

$$X = f(X) = \{f(1), f(2), \ldots, f(p-1)\}$$
$$= \{r(a), r(2a), \ldots, r((p-1)a)\}.$$

が成り立つ. これは式 (16.2) に他ならない. また, $r(a), r(2a), \ldots, r((p-1)a)$ が異なる元であることは, $f$ が単射であることから直ちにわかる. ∎

**フェルマーの小定理の証明**  式 (16.2) の左辺の元全体の積を取ったものと, 右辺の元全体の積を取ったものは等しいので, 次が成り立つ[1]:

$$r(a) \times r(2a) \times \cdots \times r((p-1)a) = (p-1)!. \qquad (16.5)$$

合同式 (16.1) より, 式 (16.5) の左辺について, 次が成り立つ:

$$r(a) \times r(2a) \times \cdots \times r((p-1)a) \equiv a \times 2a \times \cdots \times (p-1)a$$
$$= (p-1)! \times a^{p-1} \pmod{p}.$$

これを式 (16.5) に適用して,

$$(p-1)! \times a^{p-1} \equiv (p-1)! \pmod{p}. \qquad (16.6)$$

$1, 2, \ldots, p-1$ は $p$ で割り切れないこと, $p$ は素数であることから,

$$\gcd(1, p) = \gcd(2, p) = \cdots = \gcd(p-1, p) = 1$$

である. ゆえに, 定理 16.2 より合同式 (16.6) の辺々を順次 $1, 2, \ldots, p-1$ で割ることが許され, 所望の $a^{p-1} \equiv 1 \pmod{p}$ を得る. ∎

> **問題 16.1**  $p$ を素数, $a$ を $p$ で割れない整数とする. このとき,
>
> $$an \equiv 1 \pmod{p}$$
>
> を満たす整数 $n$ が存在することを示せ.
> **ヒント**: 補題 16.4 を用いよ. 付録の A.3 節で「法 $p$ での逆元」という文脈で説明しているので, 必要があればそちらも参照いただきたい.

---

[1] 正の整数 $m$ に対し, $m!$ の意味は $m! = 1 \times 2 \times \cdots \times m$ であった.

# 17

## 演習問題 II

**問題 17.1** (第 13 章) $5^{64}$ を 18 で割ったときの余りを求めよ. (18 は合成数なので, フェルマーの小定理を使えないことに注意せよ.)

**問題 17.2** (第 14 章) $5^{300}$ および $129^{300}$ を 43 で割ったときの余りを求めよ.

**問題 17.3** (第 13 章) 1234567891234567 を 10001 で割ったときの余りを求めよ.

**ヒント**：割られる数を

$$1234567891234567 = 1234 \times 10^{\square} + 5678 \times 10^{\square} + 9123 \times 10^{\square} + 4567$$

の形に表し, $10^4 \equiv -1 \pmod{10001}$ を用いよ.

**問題 17.4** (第 15 章) $X = \{1, 2, 3\}$, $Y = \{a, b, c, d, e\}$ とする. このとき, $X$ から $Y$ への写像は全部でいくつあるか. また, $X$ から $Y$ への単射写像は全部でいくつあるか.

**問題 17.5** (第 15 章；発展) $X = \{1, 2, 3, 4, 5\}$, $Y = \{a, b, c\}$ とする. このとき, $X$ から $Y$ への写像は全部でいくつあるか. また, $X$ から $Y$ への全射写像は全部でいくつあるか.

**問題 17.6** (第 15 章) 写像 $f : \mathbb{Z} \to \mathbb{Z}$ を $f(n) = 2n$ で定める. $f$ は単射だが全射でないことを証明せよ.

**問題 17.7** (第 15 章) 写像 $f : \mathbb{Z} \to \mathbb{Z}$ を

$$f(n) = \begin{cases} \dfrac{n}{2} & n \text{ が偶数のとき,} \\ \dfrac{n+1}{2} & n \text{ が奇数のとき} \end{cases}$$

で定める. $f$ は全射だが単射でないことを証明せよ.

# 第 II 部

# 発展編

# 18

# オイラーの定理

第 14 章から第 16 章にかけて, フェルマーの小定理を解説した. これは, $p$ を素数, $a$ を $p$ で割れない整数とするとき,

$$a^{p-1} \equiv 1 \pmod{p} \tag{18.1}$$

が成り立つことを主張するものであった. ここで, $p$ が素数であるという仮定を外すと, 合同式 (18.1) は一般には成り立たない. たとえば, 問題 14.1 で見たように, $a = 3$, $p = 4$ とすると $3^{4-1} = 27 \equiv 3 \not\equiv 1 \pmod{4}$ であり, 合同式 (18.1) は不成立である. 本章では, $p$ が素数であるという仮定を外したとき, 合同式 (18.1) をどのように修正すればよいかを説明したい.

まず, 主張を述べるために必要な事項を説明する. $m$ を正の整数とし, 集合 $X_m$ を

$$X_m = \{a \in \mathbb{Z} \mid 1 \le a \le m, \ \gcd(a, m) = 1\} \tag{18.2}$$

で定める. まず, 具体例で $X_m$ の定義を確認してみよう.

例 18.1 (1) $X_1$ は $1 \le a \le 1$ かつ $\gcd(a, 1) = 1$ を満たす整数 $a$ 全体の集合である. そのような $a$ は $a = 1$ でそれに限られるので, $X_1 = \{1\}$ である.
(2) $X_6$ を外延的表記するため, $1 \le a \le 6$ を満たす整数 $a$ に対し, $\gcd(a, 6)$ を計算すると以下のようになる:

| $a$ | 1 | 2 | 3 | 4 | 5 | 6 |
|---|---|---|---|---|---|---|
| $\gcd(a, 6)$ | 1 | 2 | 3 | 2 | 1 | 6 |

よって, $X_6 = \{1, 5\}$ である.

**問題 18.1** 例 18.1 にならい, $X_{12}$ を外延的に表せ.

$p$ を素数とする. このとき, $1 \leq a < p$ を満たす整数 $a$ は $\gcd(a, p) = 1$ を満たすので $a \in X_p$ である. 一方, $\gcd(p, p) = p \neq 1$ だから, $p \notin X_p$ である. よって,

$$X_p = \{a \in \mathbb{Z} \mid 1 \leq a < p\} = \{1, 2, \ldots, p-2, p-1\} \tag{18.3}$$

が成り立つ.

第 15 章で説明したとおり, 有限集合 $A$ に対し, $A$ の元の個数を $|A|$ と表すことにする. 正の整数 $m$ に対し, $\varphi(m)$ を

$$\varphi(m) = |X_m| \tag{18.4}$$

で定め, $\varphi(m)$ を**オイラーの関数**という.

**例 18.2** 例 18.1 より, $\varphi(1) = 1$, $\varphi(6) = 2$ である.

**問題 18.2** $\varphi(12)$ を計算せよ.

$p$ を素数とする. このとき, (18.3) より,

$$\varphi(p) = p - 1 \tag{18.5}$$

である.

$\varphi(m)$ を定義に基づいて計算すること, つまり例 18.1 のように $X_m$ を外延的に表して計算するのは, $m$ が大きくなると大変である. $m$ の素因数分解がわかれば $\varphi(m)$ を容易に計算できるのだが, その詳細は次章以降で説明する. 本章では次の定理を証明する.

**定理 18.3** (オイラーの定理) $m$ を正の整数とし, $a$ を $m$ と互いに素な整数とする. このとき, 次の合同式が成り立つ:

$$a^{\varphi(m)} \equiv 1 \pmod{m}. \tag{18.6}$$

**注意 18.4** 式 (18.5) より, $m$ が素数のとき, オイラーの定理はフェルマーの小定理と一致する. つまり, オイラーの定理はフェルマーの小定理の拡張である.

以下では, 第 16 章で行ったフェルマーの小定理の証明を適切に修正することにより, オイラーの定理を証明する. $m = 1$ のときは合同式 (18.6) が明ら

かに成り立つので, 以降では $m > 1$ のときを考える. 整数 $n$ に対し, $r(n)$ を $r(n) = (n \div m$ の余り$)$ で定める. このとき, $0 \le r(n) < m$ であり,

$$r(n) \equiv n \pmod{m} \tag{18.7}$$

が成り立つ. $a$ を $m$ と互いに素な整数とする. そして, 写像 $f : X_m \to X_m$ を

$$f(n) = r(an) \tag{18.8}$$

で定める.

まず, $f$ が $X_m$ への写像であること, つまり, $n \in X_m$ のとき $r(an) \in X_m$ が成り立つことを示す. $X_m$ の定義より, それには $1 \le r(an) \le m$ および $\gcd(r(an), m) = 1$ を確認すればよい. 最初に, $n \in X_m$ のとき $\gcd(an, m) = 1$ が成り立つことを, 背理法により証明する. $\gcd(an, m) > 1$ だったとすると, $an$ と $m$ の共通素因子 $p$ が存在する[1]. $p \mid (an)$ と系 9.3 より, $p \mid a$ または $p \mid n$ が成り立つ. $p \mid m$ に注意すると,

- $p \mid a$ のときは $a$ と $m$ が $p$ を公約数に持つ.
- $p \mid n$ のときは $n$ と $m$ が $p$ を公約数に持つ.

前者は $\gcd(a, m) = 1$ に矛盾し, 後者は $\gcd(n, m) = 1$ に矛盾する. よって $\gcd(an, m) = 1$ である. これと定理 5.7 (または注意 6.2) より $\gcd(r(an), m) = 1$ である. 仮に $r(an) = 0$ とすると $\gcd(r(an), m) = m \ne 1$ となり矛盾する. よって, $r(an) \ne 0$ であり, $1 \le r(an) < m$ となる. ゆえに, $r(an) \in X_m$ が成り立つ. 以上より, $f$ は $X_m$ から $X_m$ への写像であることが確認できた.

次に, 以下の主張を示す.

---

**補題 18.5** (18.8) で定まる写像 $f : X_m \to X_m$ は全単射である.

---

**証明** $X_m$ は有限集合だから, 系 15.8 より $f$ が単射であることを示せばよい. そのため, $n_1, n_2 \in X_m$ について $f(n_1) = f(n_2)$ ならば $n_1 = n_2$ が成り立つことを示す. $f(n_1) = f(n_2)$ より $r(an_1) = r(an_2)$ である. 合同式 (18.7) より,

$$an_1 \equiv an_2 \pmod{m} \tag{18.9}$$

---

[1] 一般に, 整数 $N$ に対し, $N$ の約数となる素数のことを $N$ の**素因子**または**素因数**という.

を得る. いま, $\gcd(a, m) = 1$ だから, 定理 14.2 より合同式 (18.9) の辺々を $a$ で割ることが許され, $n_1 \equiv n_2 \pmod{m}$ となる. つまり,

$$m \mid (n_2 - n_1) \tag{18.10}$$

が成り立つ. また, $1 \leq n_1, n_2 \leq m$ だから,

$$-(m-1) \leq n_2 - n_1 \leq m - 1 \tag{18.11}$$

である. (18.10) と (18.11) より $n_2 - n_1 = 0$ であり, $n_1 = n_2$ を得る. よって $f$ は単射である. 系 15.8 より $f$ は全単射であり, 結論を得る. ▮

**オイラーの定理の証明**　$\varphi(m)$ の定義 (18.4) に注意し,

$$X_m = \{n_1, n_2, \ldots, n_{\varphi(m)}\}$$

と表すことにする. 補題 18.5 より $f$ は全射なので, $f(X_m) = X_m$, すなわち,

$$\{r(an_1), r(an_2), \ldots, r(an_{\varphi(m)})\} = \{n_1, n_2, \ldots, n_{\varphi(m)}\}$$

である. さらに, $f$ は単射だから, $r(an_1), \ldots, r(an_{\varphi(m)})$ は異なる. よって,

$$n_1 \times n_2 \times \cdots \times n_{\varphi(m)} = r(an_1) \times r(an_2) \times \cdots \times r(an_{\varphi(m)})$$

となるが, 合同式 (18.7) より,

$$n_1 \times n_2 \times \cdots \times n_{\varphi(m)} \equiv (an_1) \times (an_2) \times \cdots \times (an_{\varphi(m)})$$
$$= a^{\varphi(m)} \times n_1 \times n_2 \times \cdots \times n_{\varphi(m)} \pmod{m}.$$

$n_1, \ldots, n_{\varphi(m)} \in X_m$ だから, $n_1, \ldots, n_{\varphi(m)}$ はすべて $m$ と互いに素である. よって定理 14.2 より上の合同式の両辺を順次 $n_1, \ldots, n_{\varphi(m)}$ で割ることができ, 合同式 (18.6) を得る. ▮

**問題 18.3**　$m$ を 2 以上の整数, $a$ を $m$ と互いに素な整数とする. このとき,

$$an \equiv 1 \pmod{m}$$

を満たす整数 $n$ が存在することを示せ.

**ヒント**: 補題 18.5 を用いよ. 別証明も多数考えられる. 余裕があれば, 定理 7.1 を用いた証明や, オイラーの定理そのものを用いた証明なども考えよ.

# 19

# オイラーの関数の性質 I

$m$ を正の整数とし，集合 $X_m$ を

$$X_m = \{a \in \mathbb{Z} \mid 1 \leq a \leq m, \ \gcd(a, m) = 1\}$$

で定める．さらに $\varphi(m) = |X_m|$ を定め，$\varphi(m)$ をオイラーの関数といった．前章では，$m$ と互いに素な整数 $a$ に対し，

$$a^{\varphi(m)} \equiv 1 \pmod{m}$$

が成り立つことを示した．これをオイラーの定理といった．本章から第 21 章にかけて，$\varphi(m)$ の性質を調べることにする．目標を端的にいうと，「$m$ の素因数分解がわかれば $\varphi(m)$ も容易に計算できる」ということである．これは，以下の 2 つの定理 (定理 19.1 および定理 19.4) に集約することができる．

**定理 19.1** (オイラーの関数の乗法性)　$m$ と $n$ を互いに素な正の整数とする．このとき，次が成り立つ:

$$\varphi(mn) = \varphi(m)\varphi(n). \tag{19.1}$$

**注意 19.2**　「$m$ と $n$ は互いに素」という仮定を外すと，等式 (19.1) は一般には成立しない．たとえば，$m = n = 2$ とすると等式 (19.1) は不成立である．実際, $\varphi(2) = 1$, $\varphi(4) = 2$ なので，$\varphi(4) \neq \varphi(2)^2$ である．

**注意 19.3**　「乗法性」または「乗法的関数」という用語は本章の終わりで説明する．

2 以上の整数 $m$ が，

$$m = p_1^{e_1} \times \cdots \times p_r^{e_r} \tag{19.2}$$

と素因数分解されたとする. ここで, $p_1, \ldots, p_r$ は異なる素数, $e_1, \ldots, e_r$ は正の整数である. $j = 1, 2, \ldots, r-1$ に対し $\gcd(p_1^{e_1} \times \cdots \times p_j^{e_j}, p_{j+1}^{e_{j+1}}) = 1$ であることに注意し, 定理 19.1 を繰り返し用いて,

$$\varphi(m) = \varphi(p_1^{e_1} \times \cdots \times p_{r-1}^{e_{r-1}})\varphi(p_r^{e_r}) = \cdots$$
$$= \varphi(p_1^{e_1})\varphi(p_2^{e_2}) \cdots \varphi(p_r^{e_r}).$$
(19.3)

よって, $p$ を素数, $e$ を正の整数とするときの $\varphi(p^e)$ の公式が望まれるが, 以下が成り立つ:

**定理 19.4** $p$ を素数, $e$ を正の整数とする. このとき次が成り立つ:

$$\varphi(p^e) = p^e - p^{e-1}.$$

式 (19.3) に定理 19.4 を適用することで, 次の公式が得られる.

**系 19.5** $m$ を 2 以上の整数とし, $m$ の素因数分解が式 (19.2) で与えられたとする. このとき, 以下の等式が成り立つ:

$$\varphi(m) = (p_1^{e_1} - p_1^{e_1-1})(p_2^{e_2} - p_2^{e_2-1}) \cdots (p_r^{e_r} - p_r^{e_r-1})$$
$$= m\left(1 - \frac{1}{p_1}\right)\left(1 - \frac{1}{p_2}\right) \cdots \left(1 - \frac{1}{p_r}\right).$$

定理 19.1 と定理 19.4 を証明する前に, 具体例を見てみよう.

**例 19.6**　定理 19.1 と定理 19.4 を用いて $\varphi(28)$ を計算してみる. $28 = 2^2 \times 7$ なので, 定理 19.1 より,

$$\varphi(28) = \varphi(2^2) \times \varphi(7).$$

定理 19.4 より, $\varphi(2^2) = 2^2 - 2^1 = 2$, $\varphi(7) = 7^1 - 7^0 = 6$ だから, これらを上式に代入して,

$$\varphi(28) = 2 \times 6 = 12.$$

次に, オイラーの関数の定義に基づいて $\varphi(28)$ を計算してみる. $a = 1, 2, \ldots, 28$ に対し, 28 と互いに素かどうかを 1 つずつ確認することで,

$$X_{28} = \{1, 3, 5, 9, 11, 13, 15, 17, 19, 23, 25, 27\}.$$

よって, $\varphi(28) = |X_{28}| = 12$ であり, 前の計算と一致する.

次に, オイラーの定理を用いて $5^{100}$ を 28 で割った余りを計算してみる. 5 と 28 は互いに素だから, オイラーの定理により $5^{\varphi(28)} \equiv 1 \pmod{28}$, つまり,

$$5^{12} \equiv 1 \pmod{28}. \tag{19.4}$$

$100 \div 12$ を計算して $100 = 12 \times 8 + 4$ だから, 指数法則より,

$$5^{100} = 5^{12 \times 8 + 4} = 5^{12 \times 8} \times 5^4 = (5^{12})^8 \times 5^4.$$

これに合同式 (19.4) を適用して,

$$5^{100} \equiv 1^8 \times 5^4 = 5^4 \pmod{28}.$$

ここで, $5^2 = 25 \equiv -3 \pmod{28}$ だから,

$$5^4 = 5^{2 \times 2} = (5^2)^2 \equiv (-3)^2 = 9 \pmod{28}.$$

よって $5^{100} \equiv 9 \pmod{28}$ であり, $5^{100}$ を 28 で割った余りは 9 である.

---

**問題 19.1** 定理 19.1 と定理 19.4 を用いて $\varphi(36)$ を計算せよ. また, 定義に基づいて $\varphi(36)$ を計算し, 答えが一致することを確認せよ. さらに, オイラーの定理を用いて $5^{1000}$ を 36 で割った余りを計算せよ.

**問題 19.2** 定理 19.1 と定理 19.4 を用いて $\varphi(1000)$ を計算せよ.

---

定理 19.1 の証明は次章で行うことにし, 本章では定理 19.4 を証明する. $p$ を素数, $e$ を正の整数とするとき, $\varphi(p^e) = |X_{p^e}|$ である. また,

$$X_{p^e} = \{a \in \mathbb{Z} \mid 1 \le a \le p^e,\ \gcd(a, p^e) = 1\}$$

であることに注意する. よって, $1 \le a \le p^e$ かつ $\gcd(a, p^e) > 1$ なる整数 $a$ を数え上げればよい. そのため, 次の補題を証明する.

---

**補題 19.7** $p$ を素数, $e$ を正の整数とする. このとき, 整数 $a$ に対し次の (1), (2) は同値である.

    (1) $\gcd(a, p^e) > 1$,     (2) $p \mid a$.

---

**証明** (2) を仮定する. このとき, $a$ と $p^e$ は $p$ を公約数に持ち, 特に (1) が成り立つ. ゆえに (2)$\Longrightarrow$(1) が成り立つ.

次に (1) を仮定し, (2) を示す. 系 12.4 より, $p^e$ の正の約数は $1, p, p^2, \ldots, p^e$ であり, これらに限られる. これと仮定 (1) と合わせると, $\gcd(a, p^e)$ は $p, p^2, \ldots, p^e$ のいずれかであり, いずれにしても $p \mid a$ が成り立つ. ゆえに (1)$\Longrightarrow$(2) も示された. ◾

**定理 19.4 の証明**　補題 19.7 より, $1 \le a \le p^e$ なる整数 $a$ について, 集合 $X_{p^e}$ に属さないのは $p$ の倍数となる整数である. そのような数は,

$$p, \quad 2p, \quad 3p, \ldots, \quad (p^{e-1} - 1)p, \quad p^{e-1} \times p$$

であり, ちょうど $p^{e-1}$ 個ある. ゆえに, $\varphi(p^e) = p^e - p^{e-1}$ である. ◾

定理 19.1 の主張を述べる際に用いた, 乗法性という用語を説明する. 自然数 (つまり正の整数) 全体の集合 $\mathbb{N}$ から複素数全体の集合 $\mathbb{C}$ への写像 $a$ を**数論的関数**という[1]. 数論的関数 $a$ が次の 2 条件を満たすとき, $a$ を**乗法的関数**という:

(MF1)　$a(1) = 1$.

(MF2)　$m$ と $n$ が互いに素な自然数のとき, $a(mn) = a(m)a(n)$.

$a$ を乗法的関数とする. 条件 (MF2) より, $n = p_1^{e_1} \times \cdots \times p_r^{e_r}$ (ここで $p_1, \ldots, p_r$ は異なる素数, $e_1, \ldots, e_r$ は正の整数) とするとき,

$$a(n) = a(p_1^{e_1}) \times \cdots \times a(p_r^{e_r})$$

となる. ゆえに, 乗法的関数 $a$ は, 素数べき $p^e$ ($p$ は素数, $e$ は正の整数) での値を定めることで決定する.

次章以降では, 定理 19.1, つまりオイラーの関数が乗法的関数であることを証明する.

**問題 19.3** (発展)　正の整数 $m$ に対し, $m$ の正の約数の個数を $d(m)$ と表すことにする. このとき, $d(m)$ は乗法的関数であることを示せ.
　**ヒント:** 系 12.4 を用いよ.

---

[1] 数論的関数は, 第 8 章で説明した数列とほぼ同等の概念である. 整数論と関連の強い場合は数論的関数という用語を, そうでない場合は数列という用語を使うことが多いと思われる.

# 20

# 集合と写像の補足

　前章では, オイラーの関数 $\varphi(m)$ の計算に有用な性質を 2 つ述べた. 1 つ目は $\varphi(m)$ は乗法性と呼ばれる性質を持つこと (定理 19.1), 2 つ目はオイラーの関数の素数べき $p^e$ ($p$ は素数, $e$ は正の整数) における公式 (定理 19.4) である. これらの性質により, $m$ の素因数分解がわかれば $\varphi(m)$ が容易に計算できることを説明した. また, 定理 19.4 には証明を与えた.

　本章と次章では, 定理 19.1 の証明を目標とする. そのためには, 集合と写像の考え方を用いる. これらはそれぞれ第 2 章と第 15 章で説明したが, 定理の証明に必要となる事項を補足する.

　まず, 直積集合を説明する. 2 つの集合 $X, Y$ の**直積集合** $X \times Y$ を

$$X \times Y = \{(x, y) \mid x \in X, \ y \in Y\}$$

で定める. ただし, $(x, y), (x', y') \in X \times Y$ に対し, $x = x'$ かつ $y = y'$ が成り立つとき, $(x, y) = (x', y')$ とみなす. 直積集合の具体例を見てみよう.

**例 20.1**　集合 $A$ および集合 $B$ を,

$$A = \{1, 2, 3\}, \qquad B = \{1, 2\}$$

で定める. このとき,

$$A \times B = \{(1, 1), (1, 2), (2, 1), (2, 2), (3, 1), (3, 2)\}.$$

**例 20.2**　第 2 章で説明したとおり, 実数全体の集合を $\mathbb{R}$ と書いた. 直積集合 $\mathbb{R} \times \mathbb{R}$ は,

$$\mathbb{R} \times \mathbb{R} = \{(x, y) \mid x, y \in \mathbb{R}\}$$

であり, 座標平面とみなすことができる.

$X, Y$ がともに有限集合のとき, 以下が成り立つ:

---

**補題 20.3**　$X$ および $Y$ を有限集合とする. このとき,
$$|X \times Y| = |X||Y|.$$

---

**証明**　$|X| = m, |Y| = n$ とし,

$$X = \{x_1, x_2, \ldots, x_m\}, \qquad Y = \{y_1, y_2, \ldots, y_n\}$$

と表すことにする. このとき,

$$X \times Y = \{(x_j, y_k) \mid 1 \leq j \leq m, \ 1 \leq k \leq n\}$$

である. 各 $j \in \{1, 2, \ldots, m\}$ に対し第 1 成分が $x_j$ となるような $X \times Y$ の元は,

$$(x_j, y_1), (x_j, y_2), \ldots, (x_j, y_n)$$

の $n$ 個ある. ゆえに,

$$|X \times Y| = \underbrace{n + n + \cdots + n}_{m \text{ 個}} = mn = |X||Y|$$

であり, 結論を得る.

有限集合の間の写像について, 以下が成り立つことを見ておこう.

---

**補題 20.4**　$X$ と $Y$ を有限集合とし, $X$ から $Y$ への全単射写像が存在したとする. このとき, $|X| = |Y|$ が成り立つ.

---

**証明**　$X$ から $Y$ への全単射写像の 1 つを $f$ と書く. $f$ が単射であることから, 命題 15.5 より $|f(X)| = |X|$ が成り立つ. $f$ が全射とは $f(X) = Y$ が成り立つことに他ならない. ゆえに $|X| = |Y|$ を得る.

# 21

# オイラーの関数の性質 II

第 18 章, 第 19 章と同様, 正の整数 $m$ に対し, 集合 $X_m$ を

$$X_m = \{a \in \mathbb{Z} \mid 1 \leq a \leq m, \ \gcd(a, m) = 1\} \tag{21.1}$$

で定める. また, オイラーの関数を $\varphi(m) = |X_m|$ で定義した. 本章では, オイラーの関数の乗法性, つまり次の定理を証明する.

**定理 21.1** (= 定理 19.1) $m$ と $n$ を互いに素な正の整数とする. このとき, 次が成り立つ:

$$\varphi(mn) = \varphi(m)\varphi(n). \tag{21.2}$$

$\varphi(1) = 1$ であるから, $m = 1$ または $n = 1$ のときは式 (21.2) が成り立つ. よって, 本章の終わりまで $m$ と $n$ は互いに素な 2 以上の整数のときを考える.

証明の方針は以下のとおりである. もし $X_{mn}$ から $X_m \times X_n$ への全単射写像の存在がいえれば, 補題 20.4 より,

$$|X_{mn}| = |X_m \times X_n|$$

が得られる. オイラーの関数の定義より, 左辺は $\varphi(mn)$ である. 一方, 補題 20.3 より, 右辺は $|X_m||X_n| = \varphi(m)\varphi(n)$ であり, 等式 (21.2) を得る. よって, $X_{mn}$ から $X_m \times X_n$ への全単射写像を実際に作ることができれば, 定理 21.1 が証明されたことになる. 以降では, この全単射写像の構成を行う. なお, 本章ではこれまで学習してきた内容を多く用いる. 必要に応じて復習しながら読み進められたい.

整数 $k$ に対し,

$$r_m(k) = (k \div m \text{ の余り})$$

とおく. 写像 $f : X_{mn} \to X_m \times X_n$ を

$$f(k) = (r_m(k), r_n(k)) \tag{21.3}$$

で定める. これから証明したいのは, $f$ が $X_{mn}$ から $X_m \times X_n$ への全単射写像となることである. これを以下の 3 つを示すことで証明する:

(1) $k \in X_{mn}$ に対し, $(r_m(k), r_n(k)) \in X_m \times X_n$ となること.

(2) $f$ が単射であること.

(3) $f$ が全射であること.

まず, (1) を示す. $k \in X_{mn}$ とする. このとき, $\gcd(k, mn) = 1$ より $\gcd(k, m) = 1$ が成り立つ. 実際, $\gcd(k, m)$ は $k$ と $mn$ の公約数であるから,

$$\gcd(k, m) \le \gcd(k, mn) = 1$$

となり, $\gcd(k, m) = 1$ を得る. よって, 定理 5.7 (注意 6.2 も見よ) より,

$$\gcd(r_m(k), m) = \gcd(k, m) = 1 \tag{21.4}$$

である. これと $m \ge 2$ から $r_m(k) \ne 0$ となり,[1] $r_m(k) \in X_m$ を得る. 同様にして $r_n(k) \in X_n$ を示すことができ, $(r_m(k), r_n(k)) \in X_m \times X_n$ を得る.

**問題 21.1** 上の $r_m(k) \in X_m$ の証明と同様にして, $r_n(k) \in X_n$ を確認せよ.

次に (2) を示す. そのため, $k, k' \in X_{mn}$ とし, $f(k) = f(k')$ が成り立つと仮定する. このとき $k = k'$ を示せばよい. $f(k) = f(k')$ より, $r_m(k) = r_m(k')$ および $r_n(k) = r_n(k')$ が成り立つ. よって,

$$k \equiv k' \pmod{m} \quad \text{かつ} \quad k \equiv k' \pmod{n}$$

が成り立つ. 前者の合同式より, $m \mid (k' - k)$, つまり,

$$k' - k = m\alpha \tag{21.5}$$

---

[1] 実際, $r_m(k) = 0$ だと $\gcd(r_m(k), m) = \gcd(0, m) = m \ge 2$ であり, (21.4) に矛盾する.

を満たす整数 $\alpha$ が存在する. 後者の合同式より, $n \mid (k' - k)$ が成り立つが, これに (21.5) を代入して,

$$n \mid (m\alpha)$$

が成り立つ. いま, $\gcd(m, n) = 1$ だから, 定理 9.2 より $n \mid \alpha$, つまり $\alpha = n\beta$ を満たす整数 $\beta$ が存在する. これを式 (21.5) に代入して,

$$k' - k = mn\beta \tag{21.6}$$

を得る. いま, $k, k' \in X_{mn}$ より $1 \leq k, k' \leq mn$ なので,

$$-mn < k' - k < mn$$

が成り立つ. 以上より, $-mn < mn\beta < mn$, すなわち $-1 < \beta < 1$ を得る. $\beta$ が整数であることを合わせると, $\beta = 0$ となる. これを (21.6) に代入し $k' - k = 0$, つまり $k = k'$ を得る. よって $f$ は単射であることが示された.

最後に (3) を証明する. そのためには, すべての $(a, b) \in X_m \times X_n$ に対し,

$$f(k) = (a, b)$$

を満たす $k \in X_{mn}$ が存在することを示せばよい. やや天下り的になるが, $(a, b) \in X_m \times X_n$ に対し, そのような $k \in X_{mn}$ を実際に構成することで証明する.

$\gcd(m, n) = 1$ であるから, 定理 7.1 より,

$$ms + nt = 1$$

となる整数 $s, t$ が存在する. このとき,

$$nt \equiv 1 \pmod{m}, \qquad ms \equiv 1 \pmod{n} \tag{21.7}$$

となることに注意する. そこで, 整数 $k'$ を

$$k' = bms + ant \tag{21.8}$$

で定める. このとき, 合同式 (21.7) より,

$$k' \equiv ant \equiv a \pmod{m}, \tag{21.9}$$

$$k' \equiv bms \equiv b \pmod{n} \tag{21.10}$$

である. $a \in X_m$ より $\gcd(a, m) = 1$ である. これと合同式 (21.9) より, 定理 5.7 を用いると, $\gcd(k', m) = \gcd(a, m) = 1$ を得る. 同様に, $b \in X_n$ と合同式 (21.10) より, $\gcd(k', n) = 1$ が成り立つ. 以上より,

$$\gcd(k', mn) = 1 \tag{21.11}$$

が成り立つ. 実際, $\gcd(k', mn) > 1$ とすると, $k'$ と $mn$ は共通素因子 $p$ を持つが, $p \mid (mn)$ に系 9.3 を用いると, $p \mid m$ または $p \mid n$ が成り立つ. $p \mid m$ のときは $\gcd(k', m) = 1$ に矛盾し, $p \mid n$ の場合は $\gcd(k', n) = 1$ に矛盾する. よって $\gcd(k', mn) = 1$ が成り立つ.

$k = r_{mn}(k')$ とおけば, 式 (21.11) より $\gcd(k, mn) = 1$ であり, $k \in X_{mn}$ が成り立つ. また, $k \equiv k' \pmod{mn}$ だから, $k \equiv k' \pmod{m}$ かつ $k \equiv k' \pmod{n}$ が成り立つ. これに合同式 (21.9), (21.10) を用いて,

$$k \equiv a \pmod{m}, \qquad k \equiv b \pmod{n}$$

となり, $r_m(k) = a$ および $r_n(k) = b$ を得る. ゆえに, $f(k) = (a, b)$ となる $k \in X_{mn}$ が構成できた. よって, $f$ は全射である.

以上より, $X_{mn}$ から $X_m \times X_n$ への全単射写像を 1 つ与えることができ, 定理 21.1 が証明できた.

> **問題 21.2**　式 (21.3) で定まる写像 $f$ を $m = 11$, $n = 17$ の場合で考える. つまり, 写像 $f : X_{187} \to X_{11} \times X_{17}$ を
> $$f(k) = (r_{11}(k), r_{17}(k))$$
> で定める. このとき, 以下の問に答えよ.
> (1) $87 \in X_{187}$ であることを確認せよ.
> (2) $f(87)$ を計算せよ.
> (3) $11x + 17y = 1$ の整数解 $(x, y)$ を 1 組求めよ.
> (4) $(5, 11) \in X_{11} \times X_{17}$ であることを確認せよ.
> (5) $f(k) = (5, 11)$ となる $k \in X_{187}$ を求めよ.
> **ヒント**：(3) は目算または第 7 章で説明した方法で解を見つけよ. (5) は定理 21.1 の証明のうち, $f$ が全射であることを示した部分を参考にして考えよ.

# 22

# RSA 暗号の原理

RSA 暗号は初等整数論を用いた暗号であり, 1978 年に R. Rivest, A. Shamir, L. Adleman により考案された. 本書の締めくくりとして, 本章では RSA 暗号の原理を簡単に説明する. 暗号理論に用いられる用語や歴史, 実際の運用のことなどは, 巻末の文献案内にある結城 [8] などを参照いただきたい.

## 公開鍵および秘密鍵の準備[1]

まず, $p$ と $q$ を異なる (大きな) 素数とし, $n = pq$ で $n$ を定める. このとき,

$$\varphi(n) = \varphi(p)\varphi(q) = (p-1)(q-1)$$

である. $\varphi(n)$ と互いに素な正の整数 $e$ を 1 つ取る. このとき, 定理 7.1 より $ex + \varphi(n)y = 1$ は整数解 $(x, y)$ を持つ. つまり,

$$ed \equiv 1 \pmod{\varphi(n)} \tag{22.1}$$

を満たす整数 $d$ が存在する. 必要ならば $d$ の代わりに $d + (\varphi(n)$ の倍数) を取ることで, 合同式 (22.1) かつ $0 < d \leq \varphi(n)$ を満たす整数 $d$ が存在する. そこで, $d$ は $0 < d \leq \varphi(n)$ となるように選ぶことにする.

## メッセージの暗号化と復元

次に, $M$ を $n$ と互いに素な整数で[2] $1 \leq M < n$ を満たすものとする. この $M$

---

[1] 便宜上, 見出しをつけて説明するが, 最初は見出しの意味を気にせずに読み進めてほしい.

[2] 実は「$M$ と $n$ は互いに素」という仮定は不要である. ただし, この仮定を外すには補題 22.1 の証明とは別の方法を用いる必要がある. 気になる場合, 問題 22.1 に取り組むこと.

に対し,

$$C \equiv M^e \pmod{n} \tag{22.2}$$

となる整数 $C$ (で $1 \leq C < n$ を満たすもの) を求める. このとき, 次が成り立つことを確認する.

---

**補題 22.1** 以上の設定の下,

$$C^d \equiv M \pmod{n}$$

が成り立つ.

---

**証明** 合同式 (22.2) より,

$$C^d \equiv (M^e)^d = M^{ed} \pmod{n}$$

である. 一方, 合同式 (22.1) より, $ed - 1 = \varphi(n)t$, つまり $ed = 1 + \varphi(n)t$ となる整数 $t$ が存在する. いま, $e > 0$, $d > 0$ より $t \geq 0$ である. よって,

$$C^d \equiv M^{1+\varphi(n)t} = M \times (M^{\varphi(n)})^t \pmod{n}$$

となるが, オイラーの定理より $M^{\varphi(n)} \equiv 1 \pmod{n}$ である. よって, 所望の合同式を得る. ∎

補題 22.1 の別証明 (正確には補題 22.1 より少し強い主張の証明) を問題としておく. 興味があれば以下に取り組むこと.

**問題 22.1** $p$, $q$, $n$, $e$, $d$ を上と同様に定め, $M$ を ($n$ と互いに素とは限らない) 整数とする. 整数 $C$ は $C \equiv M^e \pmod{n}$ を満たすものとする. このとき, $C^d \equiv M \pmod{n}$ を示したい. 以下の方法により, この合同式を証明せよ.

(1) $M$ が $p$ で割り切れないとき $C^d \equiv M \pmod{p}$ を示せ (フェルマーの小定理を用いよ).

(2) $M$ が $p$ で割り切れるとき $C^d \equiv M \pmod{p}$ を示せ (辺々を $p$ で割るとどうなるか考えよ).

(3) 上の (1) と (2) と同様にして $C^d \equiv M \pmod{q}$ を示せ.

(4) $p$ と $q$ は異なる素数であることに注意し, 定理 9.2 または系 9.3 より $C^d \equiv M \pmod{n}$ を示せ.

以上の考察をもとに, 次の状況を考える. R さんが別の人 (複数の人でもいい) から数字 (メッセージ) を暗号化して受け取りたいとする.

R さんは, 異なる素数 $p, q$ を取る. $n = pq$ とおき, $\varphi(n)$ を計算する. 上で説明したとおり, $\varphi(n)$ と互いに素な正の整数 $e$ を 1 つ取り, 合同式 (22.1) を満たす正の整数 $d$ を計算する. $e$ と $n$ は R さんに数字を送信する可能性がある人に公開するが, $d$ は R さんのみが見られるようにしておく. $e$ と $n$ は広く公開するという意味で**公開鍵**といい, $d$ は受信者の R さんだけで秘密にしておくという意味で**秘密鍵**という. それ以外の数である $p, q$ および $\varphi(n)$ は誰にもわからないように破棄する.

S さんは, R さんに $1 \leq M \leq n$ なる整数 $M$ (平文{という}) を送りたいとする. このとき, S さんは合同式 (22.2) かつ $1 \leq C \leq n$ を満たす整数 $C$ を計算し (この操作を**暗号化**といい, $C$ を**暗号文**という), $C$ を R さんに送付する.

整数 $C$ を受信した R さんは, $C^d \equiv M' \pmod{n}$ かつ $1 \leq M' \leq n$ なる整数 $M'$ を計算する. このとき, 補題 22.1 より $M' \equiv M \pmod{n}$ が成り立つ. さらに $1 \leq M, M' \leq n$ であるから $M = M'$ が成り立ち, R さんは S さんが送りたかった数 $M$ を復元できる.

S さんとは別人の T さんは公開鍵 $e$ と $n$ を知っており, さらに S さんが R さんに送った暗号文 $C$ を傍受したとする. T さんが平文 $M$ を復元する方法として, $e$ と $n$ から秘密鍵 $d$ を求める方法が考えられる. この場合, $ed \equiv 1 \pmod{\varphi(n)}$ を $d$ について解くということになる. T さんは $n$ の値は知っているが $\varphi(n)$ の値は知らないので, $\varphi(n)$ を計算するということになるが, その方法として次の 2 つが考えられる.

- $1 \leq k \leq n$ かつ $\gcd(k, n) = 1$ を満たす整数 $k$ の個数を数える.
- $n$ を素因数分解し, $\varphi(n)$ の乗法性を用いて計算する.

第 18 章, 第 19 章で見たとおり, 1 つ目の方法は計算が大変で, そのために 2 つ目の方法を説明したのであった. 2 つ目の方法は, $n$ の素因数分解がわかればよいが, $n$ (や $n$ の素因子) が比較的大きければ素因数分解が大変である (原理的には素因数分解は可能だが, 現実的には素因数分解は困難である, ということである). よって, T さんは秘密鍵 $d$ の計算を行うのが非常に難しく, 暗号文の復号化が難しいであろう, ということになる.

　以上が RSA 暗号の一般的な概要となる. 公開鍵 $e$ と $n$ および暗号文 $C$ から, 現実的な労力または時間で平文 $M$ を解読する方法があるかどうかは不明である. 少なくとも, そのような解読法で広く知られているものは存在しない. 解読法があるとすれば RSA 暗号は暗号として機能しなくなるのである.

　簡単な例で鍵の作成および平文の暗号化, 平文の復元を説明する. 少し大きな数が何度か出てくるので, 電卓などを使って計算をフォローしてほしい.

**例 22.2**　受信者である R さんは, 2 つの異なる素数 $p, q$ を $p = 37$, $q = 53$ と選び,

$$n = pq = 37 \times 53 = 1961$$

とする. このとき,

$$\varphi(n) = (p-1)(q-1) = 36 \times 52 = 1872$$

である. 公開鍵として $\varphi(n)$ と互いに素な $e = 539$ を選ぶこととする. $539d \equiv 1 \pmod{1872}$ を解くため,

$$539x + 1872y = 1$$

の整数解を 1 つ見つける. これは第 7 章で説明した方法で求めることができ, $(x, y) = (323, -93)$ などがある. そこで, $539d \equiv 1 \pmod{1872}$ を満たす正の整数 $d$ として $d = 323$ を選択する. 以上の準備の下, R さんは $e = 539$ および $n = 1961$ を公開し, $d = 323$ は R さんだけがわかるように保管することにした. 他の数 $p, q$ および $\varphi(n)$ の値は誰にもわからないように処分した.

　さて, $e = 539$ および $n = 1961$ のみを知っている S さんは, 平文 $M = 387$ を暗号化し, R さんに送信したいとする. そのため, 法 $n$ で $M^e$ を計算する. $e = 539$ を 2 進法展開すると,

$$e = 2^9 + 2^4 + 2^3 + 2 + 1$$

である[3]. よって,

$$M^e = 387^{2^9 + 2^4 + 2^3 + 2 + 1} = 387^{2^9} \times 387^{2^4} \times 387^{2^3} \times 387^2 \times 387 \tag{22.3}$$

---

[3] 2 進法展開については, 付録の A.4 節を見よ.

である．ここで, $387^2$ を法 1961 で計算すると,

$$387^2 = 149769 \equiv 733 \quad (\mathrm{mod}\ 1961) \tag{22.4}$$

である．次に, $387^{2^2} = 387^{2 \times 2} = (387^2)^2$ を法 1961 で計算する．合同式 (22.4) を用いると,

$$387^{2^2} = (387^2)^2 \equiv 733^2 = 537289 \equiv 1936$$
$$\overset{(*)}{\equiv} 1936 - 1961 = -25 \quad (\mathrm{mod}\ 1961). \tag{22.5}$$

合同式 $(*)$ では, 補題 13.6 を用いた．次に $387^{2^3} = 387^{2^2 \times 2} = (387^{2^2})^2$ を法 1961 で計算する．合同式 (22.5) を用いると,

$$387^{2^3} = (387^{2^2})^2 \equiv (-25)^2 = 625 \quad (\mathrm{mod}\ 1961). \tag{22.6}$$

以降, $387^{2^{k+1}} = 387^{2^k \times 2} = (387^{2^k})^2$ を用いて $387^{2^4}, \ldots, 387^{2^9}$ を法 1961 で順番に計算して,

$$387^{2^4} \equiv 386, \qquad 387^{2^5} \equiv -40,$$
$$387^{2^6} \equiv -361, \qquad 387^{2^7} \equiv 895, \tag{22.7}$$
$$387^{2^8} \equiv 937, \qquad 387^{2^9} \equiv -559.$$

合同式 (22.4)〜(22.7) を式 (22.3) に代入して,

$$M^e \equiv (-559) \times 386 \times 625 \times 733 \times 387 \quad (\mathrm{mod}\ 1961).$$

ここで, 右辺の最初の 2 項と次の 2 項を法 1961 で計算すると,

$$559 \times 386 \equiv 64 \quad (\mathrm{mod}\ 1961), \qquad 625 \times 733 \equiv -749 \quad (\mathrm{mod}\ 1961)$$

なので,

$$M^e \equiv 64 \times 749 \times 387 \quad (\mathrm{mod}\ 1961)$$

となる．$64 \times 749 \equiv 872\ (\mathrm{mod}\ 1961)$ であり, $872 \times 387 \equiv 172\ (\mathrm{mod}\ 1961)$ なので,

$$M^e \equiv 172 \quad (\mathrm{mod}\ 1961)$$

となる．そこで, S さんは暗号文 $C = 172$ を R さんに送付することにした．

$C = 172$ を受け取った R さんは, 秘密鍵 $d = 323$ (および $n = 1961$) を用いて平文 $M$ を解読する. $d$ を 2 進法表示すると,

$$d = 2^8 + 2^6 + 2 + 1$$

となる. よって,

$$C^d = 172^{2^8} \times 172^{2^6} \times 172^2 \times 172. \tag{22.8}$$

先ほどの S さんの計算と同様にして $k = 1, 2, \ldots, 8$ に対し $172^{2^k}$ を法 1961 で順次計算すると,

$$172^2 \equiv 169, \qquad 172^{2^2} \equiv -854,$$
$$172^{2^3} \equiv -176, \qquad 172^{2^4} \equiv -400,$$
$$172^{2^5} \equiv -802, \qquad 172^{2^6} \equiv -4,$$
$$172^{2^7} \equiv 16, \qquad 172^{2^8} \equiv 256$$

となる. これらを式 (22.8) に代入して,

$$C^d \equiv 256 \times (-4) \times 169 \times 172 \pmod{1961}.$$

前 2 つの積と後ろ 2 つの積を法 1961 で計算すると $256 \times (-4) = -1024$, $169 \times 172 \equiv -347 \pmod{1961}$ である. これら 2 つの積を同様に計算して,

$$C^d \equiv (-1024) \times (-347) \equiv 387 \pmod{1961}$$

となり, R さんは平文 387 を得ることができた.

上の例で, 公開鍵 $(n, e) = (1961, 539)$ のみを知る人が, 秘密鍵 $d$ を知ろうとしたとする. そのためには, 合同式 (22.1) を解けばよい. まず $\varphi(1961)$ の値を求めたいので, 1961 の素因数分解を試みる. $44 \leq \sqrt{1961} < 45$ だから, 1961 が 44 以下の素数で割り切れるか調べていけば, 1961 の素因数分解を求めることができる. この程度であれば, 電卓でも現実的な手間で素因数分解 $1961 = 37 \times 53$ が得られ, $\varphi(1961)$ および秘密鍵 $d$ の値が知られてしまう. 適切な大きさの素数を選ぶことで素因数分解が難しくなり, 暗号が実用的なものとなる. 大きな素数 (または素数の可能性が高い大きな正の整数) の生成法や, RSA 暗号の運用上のことに興味がある方は, 巻末の文献案内などを参考に他書にあたられたい.

# 付　録

## A.1　公倍数, 最小公倍数

$a$ を $0$ でない整数とする. 第 $4$ 章で学んだとおり, 整数 $m$ に対して,

$$m = aq$$

を満たす整数 $q$ が存在するとき, $m$ は $a$ の倍数である, といった. つまり, $a$ の倍数全体は

$$\ldots, -3a, -2a, -a, 0, a, 2a, 3a, \ldots$$

で表される.

　本節では, 公倍数と最小公倍数について学ぶ. 本節は第 $5$ 章を学習した後に読むことをおすすめする.

　まず, 公倍数の定義を述べる.

> **定義 A.1** (公倍数)　$a$ と $b$ をともに $0$ でない整数とする. $a$ と $b$ の共通の倍数を $a$ と $b$ の**公倍数** (common multiple) という.

　$a$ の倍数全体の集合と $-a$ の倍数全体の集合は一致することから, $a > 0$ かつ $b > 0$ の場合のみを考えれば十分である. 以降では, $a$ と $b$ は正の整数として考えることにする.

　具体的な例で公倍数を考えてみる.

**例 A.2**　$6$ と $9$ の公倍数をいくつか求めてみる. $6$ と $9$ の倍数をそれぞれ書き出してみると,

$6$ の倍数: $\ldots, -18, -12, -6, 0, 6, 12, 18, 24, 30, 36, \ldots$

$9$ の倍数: $\ldots, -18, -9, 0, 9, 18, 27, 36, \ldots$

となる. 上に書いた範囲でわかる 6 と 9 の公倍数は $-18, 0, 18, 36$ である.

**問題 A.1** 上の例にならい, 4 と 6 の公倍数をいくつか求めよ.

まず, 次が成立することを確認しておこう.

> **補題 A.3** $a$ と $b$ を正の整数とする. このとき, 0 および $ab$ は $a$ と $b$ の公倍数である.

**証明** $0 = a \times 0$, $0 = b \times 0$ より, 0 は $a$ と $b$ の共通の倍数である. 同様に, $ab$ は $a$ と $b$ の共通の倍数であることも容易に確認できる. ∎

補題 A.3 より, $a$ と $b$ の正の公倍数のうち最小のものが存在する. 実際, $ab$ 以下の正の整数を小さい方から順に $a$ と $b$ の公倍数かを調べることで, 最小のものがあるとわかる. この考察から, 最小公倍数の考え方が生まれる:

> **定義 A.4** (最小公倍数) $a$ と $b$ を正の整数とする. $a$ と $b$ の正の公倍数のうち最小のものを, $a$ と $b$ の**最小公倍数** (least common multiple) といい, $\mathrm{lcm}(a, b)$ と表すことにする.

**例 A.5** 例 A.2 で見たとおり, 6 と 9 の正の公倍数のうち最小のものは 18 である. ゆえに, $\mathrm{lcm}(6, 9) = 18$ である.

**問題 A.2** $\mathrm{lcm}(4, 6)$ を計算せよ.

本節の残りでは, 「$\gcd(a, b)$ と $\mathrm{lcm}(a, b)$ の一方が計算できれば, もう一方は簡単な計算で求めることができる」ということを示す. 具体的には, 次の定理を証明する:

**定理 A.6** $a$ と $b$ を正の整数とする. このとき, 次が成立する:

$$ab = \mathrm{lcm}(a, b) \times \gcd(a, b). \tag{A.1}$$

まず, 具体例で式 (A.1) が成り立つことを見てみる.

**例 A.7**　例 A.5 で見たとおり, $\mathrm{lcm}(6,9) = 18$ である. また, 容易に $\gcd(6,9) = 3$ がわかる. ゆえに, $a = 6$, $b = 9$ の場合, 式 (A.1) の左辺と右辺はそれぞれ

$$(左辺) = 6 \times 9 = 54, \quad (右辺) = 18 \times 3 = 54$$

となり, 式 (A.1) は確かに成立している.

**問題 A.3**　$a = 4$, $b = 6$ のとき, 式 (A.1) が成り立つことを確認せよ.

　以降, 定理 A.6 の証明を行う. $a$ と $b$ を正の整数とする. 記号を簡略化するため,

$$d = \gcd(a,b), \quad l = \mathrm{lcm}(a,b)$$

とおく. $d$ は $a$ と $b$ の公約数なので, $\dfrac{a}{d}$ および $\dfrac{b}{d}$ は整数である. これと

$$\frac{ab}{d} = a \times \frac{b}{d} = b \times \frac{a}{d}$$

に注意すると, $\dfrac{ab}{d}$ は $a$ と $b$ の正の公倍数である. 最小公倍数の定義より, $l \leq \dfrac{ab}{d}$, すなわち,

$$ld \leq ab \tag{A.2}$$

を得る.

　あとは式 (A.2) と逆向きの不等式 $ld \geq ab$ がわかれば, 式 (A.1) が得られる. 次の補題を証明してみよう.

---

**補題 A.8**　$a$ と $b$ を正の整数とし, $l = \mathrm{lcm}(a,b)$ とおく. $L$ を $a$ と $b$ の任意の公倍数とする. このとき,

$$L = lq$$

を満たす整数 $q$ が存在する.

---

**証明**　$L \div l$ に割り算の原理 (第 3 章, 定理 3.1) を適用することで,

$$L = lq + r \quad かつ \quad 0 \leq r < l \tag{A.3}$$

を満たす整数 $q$ と $r$ が存在する. $L = lq + r$ を

$$r = L - lq$$

と書き直す. $L$ および $l$ は $a$ と $b$ の公倍数であるから, 右辺は $a$ の倍数であり, かつ $b$ の倍数である. つまり, $r$ は $a$ と $b$ の公倍数である. 不等式 $0 \leq r < l$ に注意すると, もし $r \neq 0$ ならば $l$ より小さい $a$ と $b$ の正の公倍数が存在することになり, $l$ が最小公倍数であることに反する. よって, $r = 0$ である. これを式 (A.3) の第一式に代入し, 結論を得る. ∎

**定理 A.6 の証明**　$ab$ は $a$ と $b$ の公約数だから, 補題 A.8 より,

$$ab = lq \tag{A.4}$$

を満たす整数 $q$ が存在する. また, $a, b, l$ は正の数なので, $q > 0$ である. $l$ は $a$ と $b$ の正の公倍数だから,

$$l = ac_1, \quad l = bc_2 \tag{A.5}$$

となる正の整数 $c_1$ と $c_2$ が存在する. 第 1 式を式 (A.4) の右辺に代入すると, $ab = ac_1q$, すなわち $b = c_1q$ が成り立つ. よって, $q$ は $b$ の約数である. 同様に式 (A.5) の第 2 式を式 (A.4) に代入すると, $a = c_2q$ が得られる. よって, $q$ は $a$ の約数でもある. 以上より, $q$ は $a$ と $b$ の正の公約数であることがわかった. $d$ は $a$ と $b$ の最大公約数であることをあわせて考えると, $q \leq d$ を得る. これを式 (A.4) に適用して,

$$ab \leq ld \tag{A.6}$$

がわかった.

　不等式 (A.2) と (A.6) から, 証明すべき等式 $ab = ld$ が得られた. ∎

## A.2　第 7 章の補足

$a$ と $b$ を整数で, $b > 0$ とする. $d = \gcd(a, b)$ とおくとき,

$$ax + by = d \tag{A.7}$$

は整数解 $(x, y)$ を持つことを, ユークリッドの互除法の計算 (式 (7.9)~(7.12)) を用いて証明した. 第 7 章では,「ユークリッドの互除法の計算を繰り返し利用する」という説明のみで理解したことにしたが, 厳密には数学的帰納法を用いる必要がある. ここでは, どのように数学的帰納法を用いればいいかを説明する. 本節は第 8 章の内容, 特に数学的帰納法の仕組みを理解してから読むことをおすすめする.

$a \div b$ から割り算を繰り返し, 式 (7.9)~(7.13) を満たす整数の組 $(q_1, r_1)$, $(q_2, r_2), \ldots, (q_l, 0)$ を得たとする. このとき,

$$d = r_{l-1} \tag{A.8}$$

であった. ここで, $r_0$, $r_{-1}$ および $r_l$ をそれぞれ $r_0 = b$, $r_{-1} = a$, $r_l = 0$ で定めると, 式 (7.9)~(7.13) を次のように表すことができる:

$$r_{j-2} = r_{j-1} q_j + r_j \qquad (j = 1, 2, \ldots, l). \tag{A.9}$$

次の主張を示すことで, 式 (A.7) が整数解を持つことを示す.

---

**命題 A.9** $a$ と $b$ を整数で $b > 0$ を満たすものとし, $l$ および $r_j (j = 1, 2, \ldots, l)$ を上で説明したように取る. このとき, $0 \leq k \leq l - 2$ なるすべての整数 $k$ に対し,

$$r_{k-1} x + r_k y = d \tag{A.10}$$

は整数解 $(x, y)$ を持つ.

---

命題 A.9 で $k = 0$ とすることにより, 式 (A.7) が整数解を持つことがわかる. それでは命題 A.9 を証明してみよう.

**証明** $k$ に関する数学的帰納法で証明する. 具体的には, 次の 2 つを示すことで証明する:

(1) $k = l - 2$ のときに式 (A.10) が整数解を持つ.

(2) $j$ を $1 \leq j \leq l-2$ を満たす整数とし, $k=j$ のとき式 (A.10) が整数解を
持つと仮定する. このとき, $k=j-1$ のときに式 (A.10) が整数解を持つ.

上の (1) および (2) が示されたとする. このとき, (1) より $k=l-2$ のときに
式 (A.10) が整数解を持つとわかる. また, (2) で順次 $j=l-2$, $j=l-3$, ..., 
$j=1$ を代入することで, $k=l-3$, $k=l-4$, ..., $k=0$ のときに式 (A.10) 
は整数解を持つことがわかり, 証明が完結する.

まず (1) を示す. すなわち, $k=l-2$ のとき整数解を持つことを見る. 式 
(A.9) で $j=l-1$ とする. (A.8) に注意すると $r_{l-3}=r_{l-2}q_{l-1}+d$ であるから, 
$r_{l-3}x+r_{l-2}y=d$ は整数解 $(x,y)=(1,-q_{l-1})$ を持つ.

次に (2) を示す. すなわち, $j$ を $1 \leq j \leq l-2$ を満たす整数とし, $k=j$ のと
きに式 (A.10) は整数解を持つ, つまり,

$$r_{j-1}x_j + r_j y_j = d \tag{A.11}$$

を満たす整数の組 $(x_j, y_j)$ が存在すると仮定する. このとき,

$$r_{j-2}x_{j-1} + r_{j-1}y_{j-1} = d \tag{A.12}$$

を満たす整数の組 $(x_{j-1}, y_{j-1})$ が存在することを示す. 式 (A.9) を $r_j = r_{j-2} - r_{j-1}q_j$ と変形し, 式 (A.11) に代入すると,

$$r_{j-1}x_j + (r_{j-2} - r_{j-1}q_j)y_j = d.$$

左辺を $r_{j-2}$ と $r_{j-1}$ でまとめて,

$$r_{j-2}y_j + r_{j-1}(x_j - q_j y_j) = d.$$

ここで, $x_{j-1}$ および $y_{j-1}$ を $(x_{j-1}, y_{j-1}) = (y_j, x_j - q_j y_j)$ で定める. このと
き, $x_{j-1}$ および $y_{j-1}$ は整数であり, 式 (A.12) を満たす. よって, 式 (A.12) を
満たす整数の組 $(x_{j-1}, y_{j-1})$ の存在がいえた.

以上より, $0 \leq k \leq l-2$ を満たすすべての整数 $k$ に対し, 方程式 (A.10) を満
たす整数の組 $(x,y)=(x_k, y_k)$ が存在する. ∎

## A.3　ウィルソンの定理

本節では, 階乗についての著名な合同式であるウィルソンの定理を扱う. ウィルソンの定理の証明では, 第 16 章に書かれていることを用いる. 証明の部分については, 第 16 章を理解してから読むことをおすすめする.

まず, 階乗について簡単に復習しておこう. 正の整数 $n$ に対し, $n$ の**階乗** $n!$ を

$$n! = 1 \times 2 \times \cdots \times n$$

で定義する. また, $0! = 1$ と約束する.

**問題 A.4**　6! および 10! を計算せよ.

さて, 本節の主題であるウィルソンの定理の主張を説明する.

**定理 A.10** (ウィルソンの定理)　$p$ を素数とする. このとき, 次の合同式が成り立つ :

$$(p-1)! \equiv -1 \pmod{p}. \tag{A.13}$$

小さな素数 $p$ に対し, 合同式 (A.13) が正しいことを確認してみよう.

**例 A.11**　(1) $p = 2$ のとき,

$$(左辺) = 1, \quad (右辺) = -1 \equiv 1 \pmod{2}$$

だから, 合同式 (A.13) は成立する.

(2) $p = 3$ のとき,

$$(3-1)! = 2 \equiv 2 - 3 = -1 \pmod{3}$$

だから, 合同式 (A.13) は成立する.

**問題 A.5**　$p = 7$ の場合, 合同式 (A.13) が成り立つことを確認せよ. また, ウィルソンの定理について, 「$p$ が素数である」という条件を外すとどうなるか. たとえば, $p = 6$ のとき合同式 (A.13) が正しいかを考えよ.

次に, ウィルソンの定理が正しいことを認めて使ってみよう.

**例 A.12** 28! を 29 で割った余りを計算してみる. $p = 29$ としてウィルソンの定理を適用すると,

$$28! \equiv -1 \equiv -1 + 29 = 28 \pmod{29}.$$

よって, 28! を 29 で割った余りは 28 である.

次に, $28! = 28 \times 27!$ と $28 \equiv -1 \pmod{29}$ に注意すると, $28! \equiv -1 \pmod{29}$ は,

$$(-1) \times 27! \equiv -1 \pmod{29}$$

とも書ける. 辺々を $(-1)$ 倍して,

$$27! \equiv 1 \pmod{29}. \tag{A.14}$$

よって, 27! を 29 で割った余りは 1 である.

最後に, 26! を 29 で割った余りを考える. $27 \equiv 27 - 29 = -2 \pmod{29}$ に注意し, $-2$ に何を掛けると法 29 で 1 と合同になるかを考えると, $-15$ が思い浮かぶ:

$$27 \times (-15) \equiv (-2) \times (-15) = 30 \equiv 1 \pmod{29}.$$

合同式 (A.14) の辺々を $-15$ 倍して,

$$26! \equiv -15 \equiv -15 + 29 = 14 \pmod{29}.$$

よって, 26! を 29 で割った余りは 14 である.

**問題 A.6** $28!, 29!, 30!$ を 31 で割った余りを求めよ.

以降では, ウィルソンの定理の証明を行う. フェルマーの小定理の証明で用いた考え方が必要になるので, 第 16 章を復習しながら議論を進めていく. まず, $p = 2$ と $p = 3$ の場合, ウィルソンの定理が正しいことはすでに例 A.11 で確認していることに注意する. $p$ を 5 以上の素数とし, 集合 $X$ を

$$X = \{1, 2, \ldots, p - 1\}$$

で定める. 整数 $n$ に対し, $r(n) = (n \div p \text{ の余り})$ とおく. 定義より,

$$r(n) \equiv n \pmod{p} \tag{A.15}$$

が成り立つ. $a \in X$ を 1 つ取り, 写像 $f : X \to X$ を

$$f(n) = r(an)$$

で定める. $p$ は素数で $a$ も $n$ も $p$ で割れないので, $r(an) \neq 0$, つまり, $f$ の値域は確かに $X$ に含まれている. 第 16 章で次の主張を証明した.

**補題 A.13** (= 補題 16.4)　写像 $f$ は全単射である.

$f$ が全射であることから, $f(n) = 1$ となる $n \in X$ が存在する. また $f$ は単射なので, そのような $n \in X$ はただ一つ決まる. そこで, $f(n) = 1$ となる $n \in X$, すなわち $r(an) = 1$ となる $n \in X$ を $\bar{a}$ で表すことにし, **法 $p$ での $a$ の逆元**ということにする[4].

**問題 A.7**　$1 \sim 10$ の法 11 での逆元をそれぞれ求めよ.

**問題 A.8**　$a \in X$ とする. このとき, $\bar{a}$ の法 $p$ での逆元は $a$ と一致すること, つまり, $\bar{\bar{a}} = a$ を確認せよ.

**ヒント**：法 $p$ での $\bar{a}$ の逆元はどのような数か, 考えてみよ.

さて, 次の事実を証明してみる.

**補題 A.14**　$\bar{a} = a$ となる $a \in X$ は, $a = 1$ と $a = p - 1$ の 2 つのみである.

**証明**　$a = \bar{a}$ とする. 逆元の定義より, $r(a\bar{a}) = 1$ であるから, $r(a^2) = 1$ が成り立つ. 合同式 (A.15) より, $a^2 \equiv 1 \pmod{p}$ であるので, $p \mid (a^2 - 1)$, つまり, $p \mid \{(a+1)(a-1)\}$ が成り立つ. $p$ は素数なので, 系 9.3 より,

$$p \mid (a+1) \text{ または } p \mid (a-1)$$

が成り立つ. $a \in X$ より, 前者が成り立つのは $a = p - 1$ のみ, 後者が成り立つのは $a = 1$ のみである. よって補題 A.14 が成り立つことがわかった. ∎

**定理 A.10 の証明**　集合 $X$ から 1 と $p - 1$ を取り除いた集合を $X'$ とおく：

$$X' = \{2, 3, \ldots, p-2\}.$$

---

[4] ここで定義した逆元は, $1 \sim p - 1$ の中から選んでいる. あまり自然な定義ではないので, 本書だけで用いる言葉と考えていただきたい.

2 と $\overline{2}$ をペアにする. ここで, 補題 A.14 より $2 \neq \overline{2}$ に注意する. $X'$ から 2 と $\overline{2}$ 以外の元 $a$ を取る. このとき, $\overline{a}$ は 2, $\overline{2}$, $a$ のいずれとも異なる数である. (実際, $\overline{a} = 2$ であったとすると, $\overline{\overline{a}} = \overline{2}$ であるが, 問題 A.8 より $a = \overline{2}$ となり, $a$ の取り方に反する. 同様に $\overline{a} = \overline{2}$ の場合も $a = 2$ となり, $a$ の取り方に反する. 補題 A.14 から $a \neq \overline{a}$ である.) そこで, $a$ と $\overline{a}$ をペアにする. 次に 2, $\overline{2}$, $a$, $\overline{a}$ 以外の元 $b \in X'$ を取る. $\overline{b}$ が 2, $\overline{2}$, $a$, $\overline{a}$, $b$ のいずれとも異なることを確認し, $b$ と $\overline{b}$ をペアにする. 同様の操作を $X'$ の元がなくなるまで繰り返す.

その結果, 集合 $X'$ は $x$ と $\overline{x}$ のペアの形のものに分けることができる. $r(x\overline{x}) = 1$, すなわち $x\overline{x} \equiv 1 \pmod{p}$ であることに注意すると,

$$2 \times 3 \times \cdots \times (p-2) \equiv 1 \pmod{p}$$

を得る. 辺々に $1 \times (p-1)$ を掛けることで,

$$(p-1)! \equiv p-1 \equiv -1 \pmod{p}$$

を得る.

**問題 A.9** $p = 11$ の場合について, 上の証明の「集合 $X'$ 内で $x$ と $\overline{x}$ のペアを作る」ことを実際に試みよ.

## A.4 整数の位取り記数法 ($q$ 進法表示)

本節は, RSA 暗号による平文の暗号化および平文の復元に関する具体的な計算 (第 22 章の例 22.2) で有益と思われる事柄を補足するのが目的である. 暗号とは関係なく, 独立して本節を読むこともできる. 割り算の原理や数学的帰納法を用いるので, 第 8 章ぐらいまでの内容を理解してから取り組まれたい.

通常, 正の整数は 10 進法で表示される. たとえば, 12345 は,

$$12345 = 1 \times 10^4 + 2 \times 10^3 + 3 \times 10^2 + 4 \times 10 + 5$$

という意味である. 一方, コンピュータでは 2 進法表示がよく用いられる. また, RSA 暗号の暗号化や復号化の計算は 2 進法による表示を用いると便利である. 本節では, 2 以上の整数 $q$ を 1 つ取り固定し, $q$ 進法表示を学習する.

集合 $D_q$ を

$$D_q = \{0, 1, \ldots, q-1\}$$

で定める. $n$ を正の整数とする. このとき,

$$n = a_l q^l + a_{l-1} q^{l-1} + \cdots + a_1 q + a_0 \left( = \sum_{j=0}^{l} a_j q^j \right) \tag{A.16}$$

(ただし, $l$ は非負整数で, $a_0, a_1, \ldots, a_l \in D_q$) の形の表記を $n$ の $q$ 進法表示という. このような表示を持つとき,

$$n = a_l a_{l-1} \cdots a_1 a_{0(q)}$$

と記す. この表記は $a_0 \sim a_l$ の積ではないことに注意すること. 通常, $q = 10$ のときは $(10)$ を省略して表記する.

**例 A.15**　10 進法表示で 2023 と表される整数を 5 進法表示で表すことを考える. まず, $2023 \div 5$ を計算し,

$$2023 = 404 \times 5 + 3 \tag{A.17}$$

を得る. 次に商 404 を 5 で割り,

$$404 = 80 \times 5 + 4. \tag{A.18}$$

以下, 商を 5 で割ることを繰り返すと,

$$80 = 16 \times 5 + 0, \tag{A.19}$$

$$16 = 3 \times 5 + 1, \tag{A.20}$$

$$3 = 0 \times 5 + 3 \tag{A.21}$$

となる. 商が 0 となったところで割り算を終了する.

式 (A.18) を式 (A.17) に代入し, 分配法則で展開して,

$$2023 = (80 \times 5 + 4) \times 5 + 3 = 80 \times 5^2 + 4 \times 5 + 3.$$

次に式 (A.19) を代入し分配法則を用いて,

$$2023 = (16 \times 5 + 0) \times 5^2 + 4 \times 5 + 3$$

$$= 16 \times 5^3 + 0 \times 5^2 + 4 \times 5 + 3.$$

最後に式 (A.20) を代入し分配法則を用いて,

$$2023 = (3 \times 5 + 1) \times 5^3 + 0 \times 5^2 + 4 \times 5 + 3$$
$$= 3 \times 5^4 + 1 \times 5^3 + 0 \times 5^2 + 4 \times 5 + 3.$$

ゆえに, $2023 = 31043_{(5)}$ である.

2023 の 5 進法表示は, 式 (A.21) から式 (A.17) の方に向かって, 余りを拾ったものを順に並べたものとなっている. このやり方を一般化することで, $n$ の $q$ 進法表示を求めることができる. つまり, $n \div q$ から計算を始め, 商を $q$ で割り算することを繰り返し, 商が 0 となったところで割り算をやめる. 商が 0 となったところから $n \div q$ の方に向かって余りを拾うことで, $n$ の $q$ 進法表示が得られる. この方法で $q$ 進法表示が得られる理由は上の例の計算などを参考に考えてほしいが, 下の定理 A.17 の証明で説明する.

**注意 A.16** 2023 を 16 進法表示すると,

$$2023 = 7 \times 16^2 + 14 \times 16 + 7$$

となるが, 2023 を $7147_{(16)}$ と書いてはいけない. $7147_{(16)}$ は,

$$7147_{(16)} = 7 \times 16^3 + 1 \times 16^2 + 4 \times 16 + 7 (= 28999)$$

となるからである. 10 進法で 10, 11, 12, 13, 14, 15 と表される数を 16 進法でそれぞれ $A, B, C, D, E, F$ で表すことにすると, 2023 の正しい 16 進法表示は,

$$2023 = 7E7_{(16)}$$

である.

以上を踏まえ, 10 進法表示を $q$ 進法表示に直す練習をしておこう.

**問題 A.10** 10 進法表示で 1234 と表される整数を, 2 進法および 5 進法で表示せよ.

本節の残りでは, $q$ 進法展開の基礎となる以下の定理を証明する.

**定理 A.17** $n$ を正の整数とする. このとき, 式 (A.16) かつ $a_l \neq 0$ を満たすような非負整数 $l$ と $a_0, \dots, a_l \in D_q$ が一意的に存在する.

非負整数 $l$ と $a_0, \ldots, a_l \in D_q$ が存在することと, 一意的であることを分けて証明する.

最初に, $l$ と $a_0, \ldots, a_l$ の存在を証明する. 証明の方針は, 例 A.15 の直後に説明したアルゴリズムの正当性を示すことである. そのため, アルゴリズムを厳密に記述する. $n$ を $q$ で割り,

$$n = A_0 q + a_0 \tag{A.22}$$

となる整数 $A_0$ と $a_0 \in D_q$ を見つける. ここで, $A_0 \geq 0$ である. 実際, $n > 0$, $a_0 < q$ より,

$$0 < n = A_0 q + a_0 < A_0 q + q = (A_0 + 1)q$$

だから, $A_0 + 1 > 0$, すなわち $A_0 > -1$ である. $A_0$ は整数だから, これは $A_0 \geq 0$ を意味する. 以降, $j = 0, 1, 2, 3, \ldots$ に対し, $A_j > 0$ である限り, 順番に $A_j \div q$ を計算し,

$$A_j = A_{j+1} q + a_{j+1} \tag{A.23}$$

となる整数 $A_{j+1}$ と $a_{j+1} \in D_q$ を見つける. 上と同様にして $A_{j+1} \geq 0$ である.

まず, 上のアルゴリズムは有限回で終わることを確認しておこう.

---

**補題 A.18**  上の割り算は $n$ 回未満で終わる. すなわち, $A_l = 0$ かつ $0 \leq l < n$ を満たす整数 $l$ が存在する.

---

**証明**  背理法で証明する. $A_0, \ldots, A_{n-1}$ はいずれも $0$ ではない, つまり正の整数であったと仮定する. このとき, 式 (A.22) および不等式 $0 \leq a_0 < q$, $A_0 > 0$, $q > 1$ より, $n \geq A_0 q > A_0$ である. 以下, 式 (A.23) について上と同様にすると, $0 \leq j \leq n-2$ なるすべての整数 $j$ に対し $A_j > A_{j+1}$ が成り立つ. よって, 次の不等式を得る:

$$0 < A_{n-1} < A_{n-2} < \cdots < A_1 < A_0 < n.$$

よって, $0 < k < n$ なる整数 $k$ が少なくとも $n$ 個あることになるが, 一方でそのような $k$ は $k = 1, 2, \ldots, n-1$ の $(n-1)$ 個であり矛盾である. よって, $A_l = 0$ かつ $0 \leq l < n$ なる整数 $l$ が存在する. ∎

　以上の考察に基づき, 定理 A.17 における $l$ および $a_0, \ldots, a_l$ の存在を証明する. 具体的には, 以下の主張を証明する.

---

**補題 A.19** $n$ を正の整数とする. $A_j$ および $a_j$ は式 (A.22) および式 (A.23) で定めるものとし, $l$ は補題 A.18 のように定める. このとき, $k = 0, 1, \ldots, l$ に対し, 次が成り立つ:

$$n = \sum_{j=0}^{k} a_j q^j + A_k q^{k+1}. \tag{A.24}$$

---

　補題 A.19 を証明する前に, これを証明することで定理 A.17 の $q$ 進法展開の存在が従うことを説明する. 補題 A.19 で $k = l$ とすると, $A_l = 0$ であるから,

$$n = \sum_{j=0}^{l} a_j q^j$$

であり, $a_j$ は $q$ で割った余りなので $a_j \in D_q$ である. さらに式 (A.23) で $j = l-1$ とすると $a_l = A_{l-1} \neq 0$ である. ゆえに, $n$ は (A.16) の形に書けるということになる.

　それでは, 補題 A.19 を証明する.

**補題 A.19 の証明**　$k$ に関する数学的帰納法により証明する. まず, $k = 0$ のときを考える. 式 (A.24) の右辺は,

$$\sum_{j=0}^{0} a_j q^j + A_0 q = a_0 + A_0 q$$

となり, これは (A.22) より $n$ と一致する. ゆえに $k = 0$ のときは等式 (A.24) が成り立つ.

　$m$ を $0 \leq m \leq l-1$ なる整数とし, $k = m$ のとき等式 (A.24) が成り立つ, すなわち,

$$n = \sum_{j=0}^{m} a_j q^j + A_m q^{m+1} \tag{A.25}$$

を仮定する. このとき, 式 (A.23) で $j = m$ としたもの, つまり $A_m = A_{m+1}q +

$a_{m+1}$ を数学的帰納法の仮定 (A.25) に適用すると,

$$n = \sum_{j=0}^{m} a_j q^j + (A_{m+1}q + a_{m+1})q^{m+1}$$

$$= \sum_{j=0}^{m} a_j q^j + a_{m+1}q^{m+1} + A_{m+1}q^{m+2}$$

$$= \sum_{j=0}^{m+1} a_j q^j + A_{m+1}q^{m+2}$$

となる. これは, 等式 (A.24) が $k = m+1$ のときに成り立つことを意味する.

以上より, $0 \leq k \leq l$ なるすべての整数 $k$ に対し, 等式 (A.24) が成り立つ. ▌

最後に, 与えられた正の整数の $q$ 進法表示は一意的であることを示す. 一意的であることを示すには, 2 通りの表示があったとすると, それらは一致することを示すのが標準的な方法であった. ここでは, 割り算の原理における商と余りの一意性を利用して証明を行う.

**定理 A.17 の一意性の証明**　$n$ の $q$ 進法表示が,

$$n = \sum_{j=0}^{l} a_j q^j = \sum_{j=0}^{m} b_j q^j$$

の 2 通りあったとする. ここで, $l, m$ は非負整数で, $a_j, b_j \in D_q$ で, $a_l$ および $b_m$ は 0 ではないとする. このとき, $j$ に渡る和の間の等式を,

$$(a_l q^{l-1} + a_{l-1}q^{l-2} + \cdots + a_1)q + a_0$$

$$= (b_m q^{m-1} + b_{m-1}q^{m-2} + \cdots + b_1)q + b_0$$

と表すことができる. $a_0, b_0 \in D_q$ に注意して両辺を見ると, ある整数 (今は $n$) を $q$ で割った商と余りの形をしている. よって, 割り算の原理 (定理 3.1) における商と余りの一意性より, $a_0 = b_0$ かつ

$$a_l q^{l-1} + a_{l-1}q^{l-2} + \cdots + a_1 = b_m q^{m-1} + b_{m-1}q^{m-2} + \cdots + b_1. \quad \text{(A.26)}$$

次に, 式 (A.26) を

$$(a_l q^{l-2} + a_{l-1}q^{l-3} + \cdots + a_2)q + a_1$$

$$= (b_m q^{m-2} + b_{m-1} q^{m-3} + \cdots + b_2)q + b_1$$

と書き直す. これもある整数を $q$ で割った形になっているので, 商と余りの一意性より, $a_1 = b_1$ かつ

$$a_l q^{l-2} + a_{l-1} q^{l-3} + \cdots + a_2 = b_m q^{m-2} + b_{m-1} q^{m-3} + \cdots + b_2$$

がわかる. 以下, この操作を繰り返していくと $a_2 = b_2$, $a_3 = b_3, \ldots$ が順次わかる. もし $l > m$ ならば, $a_j = b_j (j = 0, 1, \ldots, m)$ かつ

$$a_l q^{l-m-1} + a_{l-1} q^{l-m-2} + \cdots + a_{m+1} = 0$$

となるが, $a_l > 0$ であることから矛盾が生じる. $l < m$ の場合も同様に矛盾が出る. よって, $l = m$ かつ $a_j = b_j (j = 0, 1, \ldots, l)$ である. よって, 与えられた正の整数の $q$ 進法展開について, その一意性が証明された. ∎

# 問題の略解

**問題 1.1**　$x^3 = 2$ を満たす有理数 $x$ が存在したと仮定して矛盾を導くことで証明する. $x^3 = 2$ を満たす有理数 $x$ を $x = \dfrac{m}{n}(m,\, n$ は整数, $n \neq 0)$ と書く. 必要なら約分して $m,\, n$ を取り直すことで, <u>$m$ と $n$ の最大公約数が $1$ となるように</u> $m,\, n$ を取ることができるので, そのように $m$ と $n$ を選ぶ. $x^3 = 2$ より, $\left(\dfrac{m}{n}\right)^3 = 2$. 両辺を $n^3$ 倍して,

$$m^3 = 2n^3. \tag{S.1}$$

右辺は偶数だから, $m^3$ は偶数である. そのためには $m$ が偶数でなくてはいけない. よって, $m = 2m'(m'$ は整数) と書ける. これを式 (S.1) に代入して, $(2m')^3 = 2n^3$. これを整理して,

$$4(m')^3 = n^3$$

を得る. 左辺が偶数だから $n^3$ も偶数, そのためには $n$ も偶数でなくてはいけない. よって, $n = 2n'(n'$ は整数) と書ける. 以上より, $m,\, n$ は $2$ を公約数に持つ. これは下線を引いた部分に矛盾する. ゆえに $x^3 = 2$ を満たす有理数 $x$ は存在しない.　∎

**問題 1.2**　$2^x = 3$ を満たす有理数 $x$ が存在したと仮定して矛盾を導く. まず, $2^x = 3$ を満たす実数 $x$ は $x > 0$ を満たすことに注意する. また, $x$ は有理数なので, $x = \dfrac{m}{n}(m,\, n$ は整数で $m > 0,\, n > 0)$ と書ける. このとき, $2^{\frac{m}{n}} = 3$ が成り立つ. 両辺を $n$ 乗すると, $(2^{\frac{m}{n}})^n = 3^n$ となる. 指数法則より, 左辺は $(2^{\frac{m}{n}})^n = 2^{\frac{m}{n} \times n} = 2^m$ だから,

$$2^m = 3^n$$

を得る. いま, $m,\, n$ は正の整数なので, 左辺は偶数, 右辺は奇数である. これは矛盾である. よって, $2^x = 3$ を満たす有理数 $x$ は存在しない.　∎

**問題 1.3**　$x^2 = 3$ を満たす有理数 $x$ が存在したと仮定して矛盾を導く. $x$ は有理数より, $x = \dfrac{m}{n}(m,\, n$ は整数, $n \neq 0)$ と書ける. 必要があれば約分をし, $m,\, n$ を取り直すことで, <u>$m$ と $n$ の最大公約数は $1$</u> と仮定してよい. $x^2 = 3$ に $x = \dfrac{m}{n}$ を代入して, $\left(\dfrac{m}{n}\right)^2 = 3$. 両辺を $n^2$ 倍して,

$$m^2 = 3n^2. \tag{S.2}$$

右辺は 3 で割り切れるので, $m^2$ も 3 で割り切れる. ここで, $m$ が 3 で割り切れないとすると, $m = 3k + 1$ または $m = 3k + 2$(ただし $k$ は整数) と書けるが,

- $m = 3k + 1$ のとき, $m^2 = 9k^2 + 6k + 1 = 3(3k^2 + 2k) + 1$,
- $m = 3k + 2$ のとき, $m^2 = 9k^2 + 12k + 4 = 3(3k^2 + 4k + 1) + 1$

であり, いずれの場合も $m^2$ は 3 で割り切れず矛盾する. よって, $m$ は 3 で割り切れる. つまり, $m = 3m'$(ただし $m'$ は整数) と書ける. これを (S.2) に代入して整理すると, $3(m')^2 = n^2$ を得る. よって, $n^2$ は 3 で割り切れるが, 上の議論と同様にすると, $n$ も 3 で割り切れることがわかる. 以上より, $m$ と $n$ は 3 を公約数に持つことになり, 下線を引いた部分に反する. よって, $x^2 = 3$ を満たす有理数 $x$ は存在しない. ∎

**問題 2.1**　　(1) $A$ を内包的記法で表すと, $A = \{n \mid n$ は 6 の正の約数 $\}$ となる. 6 の正の約数は 1, 2, 3, 6 だから, $A$ を外延的記法で表すと, $A = \{1, 2, 3, 6\}$.

(2) $B = \{x \mid x$ は実数で $0 \le x \le 1\}$.

**問題 2.2**　　$A \cap B = \{1, 3\}$,　　$A \cap C = \emptyset$,　　$A \cup B = A \cup C = \{1, 2, 3, 4, 5\}$.

**問題 2.3**　　まず, $B \subset A$ を示す. $B$ の元はすべて $4y - 6z$(ただし $y$ と $z$ は整数) と書ける. $4y - 6z = 2(2y - 3z)$ より, $x$ を $x = 2y - 3z$ で定めると, $4y - 6z = 2x$ である. また, $y$ と $z$ は整数で, 整数は差と積について閉じているので $x$ は整数である. ゆえに, $4y - 6z \in A$ が成り立つ. よって $B \subset A$ がいえた.

次に $A \subset B$ を示す. $A$ の元はすべて $2x'$(ただし $x'$ は整数) と書ける. いま, $2x' = 4 \times (2x') - 6 \times x'$ に注意し, $y'$ と $z'$ を $y' = 2x'$, $z' = x'$ で定めると, $y'$, $z'$ は整数で $2x' = 4y' - 6z'$ が成り立つ. ゆえに $2x' \in B$ が成り立つ. よって $A \subset B$ がいえた.

以上より, $A = B$ が成り立つ. ∎

**問題 3.1**　　(1) $49 \div 8 = 6 \cdots 1$,　　(2) $72 \div 9 = 8 \cdots 0$,　　(3) $1234 \div 56 = 22 \cdots 2$.

**問題 3.2**　　省略.

**問題 3.3**　　(1) $q = 1$, $r = 2$,　　(2) $q = 53$, $r = 20$,　　(3) $q = -3$, $r = 2$.

**問題 3.4**　　(1) は正しく, (2) は誤りである. $n \le 1$ かつ $n \ge -1$ を満たす整数は $n = -1, 0, 1$ の 3 つであることから, $n \le 1$ かつ $n \ge -1$ を満たす整数は存在するが, ただ一つではない.

(3) は誤りである. $(q, r) = (2, 0), (1, 2)$ のいずれの場合にも $4 = 2q + r$ かつ $0 \le r \le 2$ を満たす. つまり, 整数の組 $(q, r)$ は一組ではない.

**問題 4.1**　　$b \mid a$ を仮定し, $(-b) \mid a$ を証明する. $b \mid a$ だから, $a = bq'$ を満たす $q' \in \mathbb{Z}$ が存在する. これを $a = (-b) \times (-q')$ と書く. $q = -q'$ とおくと, $q' \in \mathbb{Z}$ だから $q \in \mathbb{Z}$ であり, かつ $a = (-b) \times q$ が成り立つ. よって, $(-b) \mid a$ が成り立つ.

$(-b) \mid a$ ならば $b \mid a$ も同様に証明できる (各自試みよ).

**問題 4.2**  (1), (4), (6).

**問題 4.3**  (1) 1, 2, 4, 7, 14, 28.    (2) 1, 2, 3, 4, 6, 9, 12, 18, 36.
(3) 1, 3, 5, 9, 15, 27, 45, 135.

**問題 4.4**  1, 2, 3, 6, 9, 11, 18, 22, 33, 66, 99, 198.

**問題 4.5**  第 5 章の問題 5.2 の後ろを見よ.

**問題 4.6**  $l$ を $l \geq m+1$ なる $n$ の約数とする. このとき, $n = la$ を満たす正の整数 $a$ が存在する. ここで, $l \geq m+1 > \sqrt{n}$ より,

$$a = \frac{n}{l} < \frac{n}{\sqrt{n}} = \sqrt{n}$$

が成り立つ. よって, $n = a \times \Box$ となる $\Box$ があるかを調べたとき, $l$ は $n$ の約数としてすでに見つけられている. ゆえに, $n$ の約数で $m+1$ 以上のものも, 問題 4.6 の方法ですべて求めることができる.

**問題 5.1**  (2), (3).

**問題 5.2**  1, 11, 13, 143.

**問題 5.3**  (1) 1, 2, 3, 4, 6, 12.    (2) 1, 7.    (3) 1, 2, 7, 14.

**問題 5.4**  (1) $\gcd(24, 36) = 12$,    (2) $\gcd(21, 56) = 7$,    (3) $\gcd(0, 14) = 14$.

**問題 5.5**  示したいことは「$d'$ が $a+kb$ と $b$ の正の公約数ならば, $d'$ は $a$ と $b$ の正の公約数」であった. これを示すには, $d' > 0$ と $d' \mid (a+kb)$ と $d' \mid b$ の 3 つを仮定して, $d' > 0$ と $d' \mid a$ と $d' \mid b$ の 3 つを示せばよい. まず, 仮定から $d' > 0$ および $d' \mid b$ が成り立つ. 以下, $d' \mid a$ を示す. 仮定「$d' \mid (a+kb)$ かつ $d' \mid b$」より,

$$a + kb = l'd', \quad b = m'd'$$

を満たす整数 $l'$, $m'$ が存在する. よって,

$$a = (a+kb) - kb = l'd' - k(m'd') = (l' - km')d'.$$

いま, $l'$, $m'$, $k$ は整数より $l' - km'$ は整数だから, $d' \mid a$ が成り立つ. 以上より, $d' > 0$ と $d' \mid a$ と $d' \mid b$ がわかり, $d'$ は $a$ と $b$ の正の公約数である. ∎

**問題 5.6**  (1) $\gcd(14, 35) = 7$,    (2) $\gcd(12, 32) = 4$,    (3) $\gcd(5029, 2021) = 47$.

**問題 6.1**  (1) $\gcd(24, 36) = 12$,    (2) $\gcd(45, 108) = 9$.

**問題 6.2**  (1) $1829 \div 1357$ の余りは 472 であるので,

$$\gcd(1829, 1357) = \gcd(472, 1357)$$

を得る. $1357 \div 472$ の余りは 413 であるので,

$$\gcd(1357, 472) = \gcd(413, 472)$$

である. $472 \div 413$ の余りは 59 であるので,
$$\gcd(472, 413) = \gcd(59, 413)$$
である. $413 \div 59$ の余りは 0 であるので,
$$\gcd(413, 59) = \gcd(0, 59) = 59$$
である. よって, $\gcd(1829, 1357) = 59$ を得る.

2 つの数を 59 で割ってみると $1829 = 59 \times 31$, $1357 = 59 \times 23$ となり, 確かに 59 が最大公約数となっていることが確認できる.

(2) $\gcd(1537, 3161) = 29$.

**問題 6.3**  $\gcd(23533, 49163) = 233$.

**問題 7.1**  $\gcd(1333, 2623) = 43$.

**問題 7.2**  問題 7.2 以降にほぼ答えが書いてあるので省略する.

**問題 7.3**  (1) 割り算を繰り返すと,
$$899 = 609 \times 1 + 290, \tag{S.3}$$
$$609 = 290 \times 2 + 29, \tag{S.4}$$
$$290 = 29 \times 10.$$
よって, 下から 2 番目の式 (S.4) の余り 29 が最大公約数である. すなわち, $\gcd(899, 609) = 29$ である.

(2) 式 (S.4) より,
$$29 = 609 - 290 \times 2. \tag{S.5}$$
式 (S.3) より, $290 = 899 - 609 \times 1$. これを式 (S.5) に代入して,
$$29 = 609 - (899 - 609 \times 1) \times 2 = 609 - 899 \times 2 + 609 \times 2$$
$$= 609 \times 3 - 899 \times 2.$$
よって, $609x - 899y = 29$ の整数解として $(x, y) = (3, 2)$ が取れる.

**問題 7.4**  (1) 整数解なし.
(理由) すべての整数 $x, y$ に対し左辺は 3 で割り切れるが, 右辺は 3 で割り切れないため.

(2) 問題 7.2 や問題 7.3 と同様に計算すると,
$$1 = 14 \times 8 - 37 \times 3$$
を得る. 求めたいのは $14x - 37y = 3$ の整数解であったことに注意して, 両辺を 3 倍して,
$$3 = (14 \times 8 - 37 \times 3) \times 3 = 14 \times (8 \times 3) - 37 \times (3 \times 3)$$
$$= 14 \times 24 - 37 \times 9.$$
ゆえに, $14x - 37y = 3$ の整数解として $(x, y) = (24, 9)$ が取れる.

他にも $(x, y) = (-13, -5)$ などの整数解がある.

**問題 8.1**　$n$ に関する数学的帰納法により，すべての正の整数 $n$ に対して等式 (8.3) が成り立つことを証明する.

$n = 1$ のとき，

$$(\text{左辺}) = 1, \qquad (\text{右辺}) = \frac{1 \times (1+1)}{2} = \frac{2}{2} = 1$$

で, (左辺)=(右辺) が成り立つ.

$k$ を正の整数とし，$n = k$ のとき等式 (8.3) が成り立つと仮定する. つまり，

$$1 + 2 + \cdots + k = \frac{k(k+1)}{2} \tag{S.6}$$

が成り立つと仮定する. $n = k + 1$ の場合の式 (8.3) の左辺を

$$1 + 2 + \cdots + k + (k+1) = (1 + 2 + \cdots + k) + (k+1)$$

と書き，数学的帰納法の仮定 (S.6) を用いると，

$$\begin{aligned} 1 + 2 + \cdots + k + (k+1) &= \frac{k(k+1)}{2} + (k+1) \\ &= \frac{k(k+1) + 2(k+1)}{2} \\ &= \frac{(k+1)(k+2)}{2} \end{aligned}$$

となる. よって，$n = k$ のときに式 (8.3) が成り立つと仮定すると，$n = k + 1$ の場合も式 (8.3) が成り立つ.

以上より，すべての正の整数 $n$ に対し等式 (8.3) が成り立つ. ∎

**問題 8.2**　(1) $\Sigma$ 記号の意味を考えると，

$$\sum_{j=1}^{1} j^2 = 1^2 = 1, \qquad \sum_{j=1}^{2} j^2 = 1^2 + 2^2 = 5, \qquad \sum_{j=1}^{3} j^2 = 1^2 + 2^2 + 3^2 = 14$$

である.

(2) $n$ に関する数学的帰納法により，すべての正の整数 $n$ に対して等式 (8.5) が成り立つことを証明する.

$n = 1$ の場合，

$$(\text{左辺}) = 1^2 = 1, \qquad (\text{右辺}) = \frac{1 \times (1+1) \times (2 \times 1 + 1)}{6} = 1$$

となり，示すべき等式 (8.5) が成立する.

$k$ を正の整数とし，$n = k$ の場合に示したい等式 (8.5) が正しい，つまり，

$$\sum_{j=1}^{k} j^2 = \frac{k(k+1)(2k+1)}{6} \tag{S.7}$$

が成り立つと仮定する. $n = k + 1$ の場合の式 (8.5) の左辺を考えてみると，

$$\sum_{j=1}^{k+1} j^2 = \sum_{j=1}^{k} j^2 + (k+1)^2$$

となる．これに数学的帰納法の仮定である式 (S.7) を代入すると，

$$\sum_{j=1}^{k+1} j^2 = \frac{k(k+1)(2k+1)}{6} + (k+1)^2.$$

これを通分して計算すると，

$$\sum_{j=1}^{k+1} j^2 = \frac{k(k+1)(2k+1) + 6(k+1)^2}{6}$$

$$= \frac{(k+1)\{k(2k+1) + 6(k+1)\}}{6}$$

$$= \frac{(k+1)(2k^2 + 7k + 6)}{6}$$

$$= \frac{(k+1)(k+2)(2k+3)}{6}$$

となる．よって，$n = k$ の場合に式 (8.5) が成り立つことを仮定すると，$n = k+1$ の場合も式 (8.5) が成り立つことがわかった．

よって，すべての正の整数 $n$ に対し等式 (8.5) が成り立つ． ∎

**問題 9.1**　背理法で証明する．$x^2 = 3$ を満たす有理数 $x$ が存在するとして矛盾を導く．$x$ は有理数より，$x = \dfrac{m}{n}$（$m, n$ は整数，$n \neq 0$）と書ける．必要ならば約分をし，$m, n$ を取り替えることで $\gcd(m, n) = 1$ としてよい．$x = \dfrac{m}{n}$ を $x^2 = 3$ に代入して，$\left(\dfrac{m}{n}\right)^2 = 3$ である．両辺を $n^2$ 倍して，

$$m^2 = 3n^2 \tag{S.8}$$

を得る．これより，$3 \mid m^2$ が成り立つ．$m^2 = m \times m$，および 3 は素数であることに注意すると，系 9.3 より，$3 \mid m$ が成り立つ．よって，$m = 3m'$（$m'$ は整数）と書ける．これを式 (S.8) に代入して，$(3m')^2 = 3n^2$．これを整理して，$3(m')^2 = n^2$．よって，$3 \mid n^2$ となる．よって，系 9.3 を用いて先ほどと同様に考えると $3 \mid n$ が成り立つ．

以上より，$m$ と $n$ は 3 を公約数に持つ．これは $\gcd(m, n) = 1$ に矛盾する．よって，$x^2 = 3$ を満たす有理数 $x$ は存在しない． ∎

**問題 9.2**　まず，1, 2, ..., $p-1$ は $p$ で割り切れないことに注意する．系 9.4 を繰り返し適用すると，$1!, 2! = 1 \times 2, 3! = 2! \times 3, \ldots, (p-1)! = (p-2)! \times (p-1)$ が $p$ で割り切れないことが順次わかる．よって，$\gcd((p-1)!, p) \neq p$ である．$\gcd((p-1)!, p)$ は $p$ の正の約数だから 1 か $p$ であるが，$p$ になり得ないので $\gcd((p-1)!, p) = 1$ である． ∎

**問題 10.1**　背理法で証明する．$2x^2 = 1$ を満たす有理数 $x$ があったとし，それを $x = \dfrac{m}{n}$（ただし $m$ は整数，$n$ は 0 でない整数）と書く．必要ならば約分をした後に $m$ と $n$ を取り替えることで，$\gcd(m, n) = 1$ を満たすように $m$ と $n$ を選ぶことができるので，

そのように $m$ と $n$ を選ぶ. $x = \dfrac{m}{n}$ を $2x^2 = 1$ に代入して, $2\left(\dfrac{m}{n}\right)^2 = 1$. 両辺を $n^2$ 倍して,

$$2m^2 = n^2. \tag{S.9}$$

左辺が 2 で割り切れるので, 右辺 $n^2$ も 2 で割り切れる. そのためには $n$ が 2 で割り切れなくてはいけない. すなわち, $n = 2n'$ (ただし $n'$ は整数) と書ける. これを式 (S.9) に代入して整理すると, $m^2 = 2(n')^2$ となる. 右辺は 2 で割り切れるので, 左辺 $m^2$ も 2 で割り切れ, $m$ が 2 で割り切れることがわかる. すなわち, $m = 2m'$ (ただし $m'$ は整数) と書ける.

以上より $m$ と $n$ は 2 を公約数に持つ. これは $\gcd(m,n) = 1$ に矛盾する. ゆえに, $2x^2 = 1$ を満たす有理数 $x$ は存在しない. ∎

**問題 10.2** まず, $X \subset \mathbb{Z}$ となることを見る. $X$ のすべての元は, 整数 $x$, $y$ を用いて $3x + 7y$ と書ける. 整数は和と積について閉じているから, $3x + 7y$ は整数である. よって, $X \subset \mathbb{Z}$ が成り立つ.

次に $\mathbb{Z} \subset X$ を示す. $k \in \mathbb{Z}$ とする. $x$ および $y$ を $x = -2k$, $y = k$ で定めると, $x$ と $y$ は整数で $3x + 7y = k$ を満たし, $k \in X$ が成り立つ. ゆえに, $\mathbb{Z} \subset X$ である.

$X \subset \mathbb{Z}$ かつ $\mathbb{Z} \subset X$ が成り立つので, $X = \mathbb{Z}$ である. ∎

**問題 10.3** $q = -8$, $r = 4$.

**問題 10.4**

(1) 1, 2, 4, 8, 16.　　(2) 1, 3, 5, 9, 15, 45.

(3) 1, 2, 3, 4, 6, 8, 9, 12, 16, 18, 24, 36, 48, 72, 144.

(4) 1, 2, 4, 8, 11, 16, 22, 44, 88, 176.

**問題 10.5**

(1) $\gcd(12, 27) = 3$,　　(2) $\gcd(5609, 6461) = 71$,

(3) $\gcd(26593, 32881) = 131$,　　(4) $\gcd(8989, 4183) = 89$.

**問題 10.6**

(1) $(x,y) = (1,2)$ など,　　(2) 整数解なし,

(3) $(x,y) = (-98, -66)$ など,　　(4) $(x,y) = (24, 58)$ など.

**問題 10.7** $\Sigma$ 記号の意味を理解し, 両辺の意味がわかればよい. (1) であれば, 両辺の意味を理解し, 次の式変形がわかれば十分である:

$$\sum_{j=1}^{n}(a_j + b_j) = (a_1 + b_1) + (a_2 + b_2) + \cdots + (a_n + b_n)$$

$$= (a_1 + a_2 + \cdots + a_n) + (b_1 + b_2 + \cdots + b_n)$$

$$= \sum_{j=1}^{n} a_j + \sum_{j=1}^{n} b_j.$$

(2) も両辺の意味を理解できれば十分である：

$$\sum_{j=1}^{n} (ra_j) = ra_1 + ra_2 + \cdots + ra_n,$$

$$r \sum_{j=1}^{n} a_j = r(a_1 + a_2 + \cdots + a_n).$$

**問題 10.8**　$n$ に関する数学的帰納法により証明する．

$n=1$ のとき，$2^{5n-4} + 3^{n+2} = 2^1 + 3^3 = 29$ となり，これは 29 で割り切れる．

$k$ を正の整数とし，$n=k$ のとき主張が成り立つと仮定する．すなわち，

$$2^{5k-4} + 3^{k+2} = 29s \qquad (s \text{ は整数}) \tag{S.10}$$

と書けるとする．上の仮定の下，$n=k+1$ のときに $2^{5n-4} + 3^{n+2}$ が 29 で割り切れることを示したい．まず，

$$2^{5(k+1)-4} + 3^{(k+1)+2} = 2^{5k-4} \times 32 + 3^{k+3} \tag{S.11}$$

と書く．帰納法の仮定である式 (S.10) を $2^{5k-4} = 29s - 3^{k+2}$ と変形し，式 (S.11) に代入して，

$$2^{5(k+1)-4} + 3^{(k+1)+2} = (29s - 3^{k+2}) \times 32 + 3^{k+3}$$
$$= 29s \times 32 + (-32 + 3) \times 3^{k+2}$$
$$= 29(32s - 3^{k+2}).$$

よって，$n=k+1$ のときも $2^{5n-4} + 3^{n+2}$ は 29 で割り切れる．

ゆえに，すべての正の整数 $n$ に対し $2^{5n-4} + 3^{n+2}$ は 29 で割り切れる．∎

**問題 10.9**　(1) $d = \gcd(a,b)$ だったので，定理 7.1 より，$ax_0 + by_0 = d$ を満たす整数 $x_0, y_0$ が存在する．両辺を $k$ 倍して，

$$(ka)x_0 + (kb)y_0 = kd.$$

$\gcd(ka, kb) = d'$ であったので，左辺は $d'$ で割り切れる．よって，$d' \mid (kd)$ を得る．

(2) $d' = \gcd(ka, kb)$ だったので，再び定理 7.1 より，

$$(ka)x_1 + (kb)y_1 = d'$$

を満たす整数 $x_1, y_1$ が存在する．両辺を $k$ で割ると，

$$ax_1 + by_1 = \frac{d'}{k}.$$

また，$\gcd(a,b) = d$ であったので，左辺は $d$ で割り切れる整数である．よって，右辺も $d$ で割り切れる整数である．つまり，

$$\frac{d'}{k} = dl$$

を満たす整数 $l$ が存在する. ゆえに, $d' = (kd)l$ である. つまり, $(kd) \mid d'$ が成り立つ.

(3) 上の (1), (2) より,

$$kd = d'M, \qquad d' = (kd)N \tag{S.12}$$

を満たす整数 $M$, $N$ が存在する. $k$, $d$, $d'$ は正の整数なので, $M$, $N$ も正の整数である. 前者を後者に代入して, $d' = (d'M)N$, つまり, $MN = 1$ を得る. $M$, $N$ は正の整数なので, $M$, $N$ のどちらか一方が $2$ 以上なら, $1 = MN \geq 2$ となり矛盾が生じる. よって, $M = N = 1$ となる. これを式 (S.12) に代入することで, $d' = kd$ を得る. ∎

**問題 10.10** $X \subset Y$ を示すため, $d' \in X$ とする. このとき, $X$ の定義より,

$$d' > 0 \text{ かつ } d' \mid d$$

である. 一方, $d = \gcd(a, b)$ より $d \mid a$ かつ $d \mid b$ が成り立つ. ゆえに, 定理 4.10 より $d' \mid a$ かつ $d' \mid b$ であり, $d'$ は $a$ と $b$ の公約数である. よって, $d' \in Y$ であり, $X \subset Y$ が成り立つ.

次に $Y \subset X$ を示すため, $d'' \in Y$ とする. このとき, $Y$ の定義より,

$$d'' > 0 \text{ かつ } d'' \mid a \text{ かつ } d'' \mid b$$

である. $d'' \mid a$ かつ $d'' \mid b$ より,

$$a = d'' a_0 \text{ かつ } b = d'' b_0$$

となる整数 $a_0$, $b_0$ が存在する. よって,

$$d = \gcd(a, b) = \gcd(d'' a_0, d'' b) = d'' \gcd(a_0, b_0).$$

ここで, 最後の等式で問題 10.9 を用いた. よって, $d'' \mid d$ が成り立つ. よって $d'' \in X$ であり, $Y \subset X$ が成り立つ.

$X \subset Y$ かつ $Y \subset X$ だから, $X = Y$ である. ∎

**問題 10.11** (1) $ax + by = c$ が整数解 $(x, y)$ を持つための必要十分条件は, $c$ が $d$ で割り切れることである.

(2) 示すべき等式の左辺の集合を $A$, 右辺の集合を $B$ とする. $A \subset B$ および $B \subset A$ を示すことで $A = B$ を示す.

まず, $B \subset A$ を示す. $B$ のすべての元は, 適当な整数 $t$ を用いて $\left(x_0 + \dfrac{b}{d}t, y_0 - \dfrac{a}{d}t\right)$ と書ける. ここで $d = \gcd(a, b)$ より, $x_0 + \dfrac{b}{d}t$ および $y_0 - \dfrac{a}{d}t$ はともに整数である. さらに,

$$a\left(x_0 + \frac{b}{d}t\right) + b\left(y_0 - \frac{a}{d}t\right) = ax_0 + \frac{ab}{d}t + by_0 - \frac{ab}{d}t$$

$$= ax_0 + by_0 = c$$

が成り立つ. 最後の等式で $(x, y) = (x_0, y_0)$ が $ax + by = c$ の整数解であることを用いた. よって $\left(x_0 + \dfrac{b}{d}t, y_0 - \dfrac{a}{d}t\right) \in A$ であり, $B \subset A$ がいえた.

次に $A \subset B$ を示す. そのため, $(x, y) \in A$ とする. このとき, $ax + by = c$ である. また, $ax_0 + by_0 = c$ であるから, 辺々を引いて,

$$ax + by - (ax_0 + by_0) = 0, \ \text{すなわち}, \ a(x - x_0) = b(y_0 - y). \tag{S.13}$$

いま, $d = \gcd(a, b)$ であるから, $a = da'$, $b = db'$($a'$, $b'$ は整数) と書ける. また, 問題 10.9 より, $\gcd(a', b') = 1$ である. 式 (S.13) の辺々を $d$ で割って,

$$a'(x - x_0) = b'(y_0 - y). \tag{S.14}$$

よって, $a' \mid \{b'(y_0 - y)\}$ が成り立つ. $\gcd(a', b') = 1$ だから, 定理 9.2 より $a' \mid (y_0 - y)$ が成り立つ. つまり, 適当な整数 $t$ を用いて $y_0 - y = a't$, すなわち,

$$y = y_0 - a't$$

と書ける. これを式 (S.14) に代入して $a'(x - x_0) = a'b't$. $a \neq 0$ より $a' \neq 0$ であるから, $a'$ で割って,

$$x = x_0 + b't$$

を得る. $a = da'$, $b = db'$ に注意すると,

$$(x, y) = \left(x_0 + \frac{b}{d}t, y_0 - \frac{a}{d}t\right) \in B.$$

ゆえに $A \subset B$ が示された.

以上より, $A = B$ が成り立つ.

**問題 11.1** エラトステネスの篩で求めてみると, 残るのは $2, 3, 5, 7, 11, 13, 17, 19, 23, 29,$ $31, 37, 41, 43, 47$ の 15 個で, これが 50 以下の素数のすべてである.

**問題 11.2** $n$ 以下の素数を求めるという一般の場合を考える. $p > \sqrt{n}$ なる $p$ に注目したとき, 消される数は

$$m = pk \qquad (k \text{ は 2 以上の整数})$$

となる. 表にある数は $n$ 以下だから $m \leq n$ としてよい. すると,

$$k = \frac{m}{p} \leq \frac{n}{p} < \frac{n}{\sqrt{n}} = \sqrt{n}$$

となる. よって, $k$ の素因子 $q$ は $\sqrt{n}$ より小さく, $q$ に注目したときに $m$ はすでに消されていることになる. よって, $n$ 以下の素数表を作るとき, $p > \sqrt{n}$ については, 倍数を消す操作は不要である.

**問題 13.1** (1), (2), (4), (5).

**問題 13.2** まず, 定理 13.3 の証明を残した部分である

$$(a \div m \text{ の余り}) = (b \div m \text{ の余り}) \implies a \equiv b \pmod{m}$$

を証明する. 割り算の原理 (第 3 章, 定理 3.1) より,

$$\begin{cases} a = mq_1 + r_1 \text{ かつ } 0 \leq r_1 < m \\ b = mq_2 + r_2 \text{ かつ } 0 \leq r_2 < m \end{cases}$$

を満たす整数 $q_1, q_2, r_1, r_2$ が存在する. いま, 仮定から $a \div m$ の余りと $b \div m$ の余りは等しいので, $r_1 = r_2$ が成り立つ. よって,

$$b - a = (mq_2 + r_2) - (mq_1 + r_1) = m(q_2 - q_1)$$

となり, $b - a$ は $m$ で割り切れること, つまり, $a \equiv b \pmod{m}$ が成り立つことがわかった.

次に定理 13.4 の (1) を示す. 合同式の定義に戻ってみると, $a - a = 0$ が $m$ で割り切れることを示したい. $0 = m \times 0$ だから $0$ は $m \times$ (整数) の形で書け, $0$ が $m$ で割り切れることがわかる. よって, $a \equiv a \pmod{m}$ が成り立つ.

定理 13.4 の (2) は省略する. 示すべきことは, 「$b - a$ が $m$ で割り切れるならば, $a - b$ も $m$ で割り切れる」で, 「割り切れる」の定義 (第 4 章, 定義 4.2) に戻ればすぐに証明できる. ∎

**問題 13.3** $23 \equiv 7 \pmod{8}$, $29 \equiv 5 \pmod{8}$ に注意すると,

$$23 + 29 \equiv 7 + 5 = 12 \equiv 4 \pmod{8}.$$

よって, $23 + 29$ を $8$ で割った余りは $4$ となる. 同様にして,

$$23 \times 29 \equiv 7 \times 5 = 35 \equiv 3 \pmod{8}.$$

よって, $23 \times 29$ を $8$ で割った余りは $3$ となる.

**問題 13.4** $10 \equiv 1 \pmod{9}$ だから, 正の整数 $n$ に対し, $10^n \equiv 1^n = 1 \pmod{9}$ が成り立つ. これを式 (13.1) に適用して,

$$12345 \equiv 1 \times 1 + 2 \times 1 + 3 \times 1 + 4 \times 1 + 5 = 15 \equiv 6 \pmod{9}.$$

よって, $12345$ を $9$ で割った余りは $6$ となる.

**問題 13.5** $3^{10}$ の下 $2$ 桁と, $3^{10}$ を $100$ で割った余りは等しいことに注意する. $3^{10}$ を $100$ で割った余りを計算する. $3^{10} = 3^{5 \times 2} = (3^5)^2$ に注意し, $3^5$ を法 $100$ で計算すると, $3^5 = 243 \equiv 43 \pmod{100}$ となる. よって,

$$3^{10} = (3^5)^2 \equiv 43^2 = 1849 \equiv 49 \pmod{100}.$$

つまり, $3^{10}$ を $100$ で割ったときの余りは $49$ であり, $3^{10}$ の下 $2$ 桁は $49$ となる.

**問題 13.6** まず, 定理 13.5 の (1) および (2) を証明する. 仮定 $a \equiv b \pmod{m}$ より, $b - a$ は $m$ で割り切れる. すなわち, $b - a = mk$ を満たす整数 $k$ が存在する. 同様に, 仮定 $c \equiv d \pmod{m}$ より, $d - c$ は $m$ で割り切れる. すなわち, $d - c = ml$ を満たす整数 $l$ が存在する. このとき,

$$(b \pm d) - (a \pm c) = (b - a) \pm (d - c) = mk \pm ml = m(k \pm l)$$

である．$k$ および $l$ は整数だから $k\pm l$ も整数であるので，$(b\pm d)-(a\pm c)$ も $m$ で割り切れる．これは $a\pm c\equiv b\pm d\pmod{m}$ を意味し，(1) および (2) が証明された．

定理 13.5 の (3) の証明は，第 14 章の最初の部分を見よ．

最後に，定理 13.5 の (4) を証明する．これを $n$ に関する数学的帰納法により証明する．$n=1$ のとき，示すべき合同式は $a^1\equiv b^1\pmod{m}$ となり，これは仮定 $a\equiv b\pmod{m}$ より成立する．次に，$k$ を正の整数とし，$n=k$ のときに主張は正しい，すなわち，$a^k\equiv b^k\pmod{m}$ が成り立つと仮定する．このとき，帰納法の仮定から，定理 13.5 の (3) を $c=a^k,d=b^k$ として適用することができ，$a\times a^k\equiv b\times b^k\pmod{m}$，すなわち，

$$a^{k+1}\equiv b^{k+1}\pmod{m}$$

を得る．以上より，すべての正の整数 $n$ に対し，$a^n\equiv b^n\pmod{m}$ が成り立つ．　∎

**問題 14.1**　$4\equiv -3\pmod 7$ なので，

$$4^6\equiv(-3)^6=3^6\pmod 7$$

となる．すでに例 14.6 で計算したように，$3^6\equiv 1\pmod 7$ なので，$4^6\equiv 1\pmod 7$ を得る．同様に，$5\equiv -2\pmod 7$，$6\equiv -1\pmod 7$ を用いると，$5^6\equiv 1\pmod 7$，$6^6\equiv 1\pmod 7$ が確認できる．

$3^3=27\equiv 3\pmod 4$ であり，$3^3\not\equiv 1\pmod 4$ である．

**問題 14.2**　29 は素数，11 は 29 で割り切れないので，フェルマーの小定理から，

$$11^{28}\equiv 1\pmod{29}\tag{S.15}$$

がわかる．これを活用して $11^{900}\div 29$ の余りを計算する．$900\div 28$ を計算して $900=28\times 32+4$ だから，指数法則より，

$$11^{900}=11^{28\times 32+4}=11^{28\times 32}\times 11^4=(11^{28})^{32}\times 11^4$$

を得る．これに合同式 (S.15) を適用すると，

$$11^{900}\equiv 1^{32}\times 11^4=11^4\pmod{29}$$

を得る．$11^2=121\equiv 5\pmod{29}$ だから，

$$11^4=(11^2)^2\equiv 5^2=25\pmod{29}.$$

以上より，$11^{900}\equiv 25\pmod{29}$ となる．ゆえに，$11^{900}\div 29$ の余りは 25 である．

**問題 15.1**　16.

**問題 15.2**　$g(X)=\{a,b,c,d\}$, $\quad h(X)=\{a,d\}$.

**問題 15.3**　(1), (2) ともに 5.

**問題 15.4**　$X$ の各元を $f$ に代入すると，$f(0)=(0\div 7\text{ の余り})=0$, $f(1)=3$, $f(2)=6$, $f(3)=2$, $f(4)=5$, $f(5)=1$, $f(6)=4$ となる．$n$ に異なる値を代入する

と, $X$ の異なる元に対応しているので単射である. また, $f(n)$ の $n$ に $0$ から $6$ を代入した結果, $0$ から $6$ がすべて出ているので全射である. ゆえに, $f$ は全単射である.

**問題 15.5** $X$ から $Y$ への写像の総数を計算する. $X$ から $Y$ の写像は, $X$ の各元に対し $Y$ のどの元を対応させるかで決まる. $|Y| = 2$ であるので, $X$ の各元に $2$ 通りの対応のさせ方がある. 以上より, 求める写像の個数は, $2^5 = 32$ 個である.

次に, $X$ から $Y$ への全射写像の総数を計算する. $X$ から $Y$ への写像で, 全射でないものは $X$ の各元にすべて $a$ を対応させるものと, すべて $b$ を対応させるものの $2$ つである. ゆえに, $X$ から $Y$ への全射写像の総数は, $32 - 2 = 30$ 個である.

**問題 16.1** $a$ と $p$ を問題文のように取り, $r(n) = (n \div p \text{ の余り})$ とおく. 補題 16.4 から,

$$1 \in \{1, 2, \ldots, p-1\} = \{r(a), r(2a), \ldots, r((p-1)a)\}$$

が成り立つ. これは, $r(na) = 1$ を満たす $n \in \{1, 2, \ldots, p-1\}$ があることを意味する. この $n$ に対し $1 = r(na) \equiv na \pmod{p}$ だから, 結論を得る. ∎

**問題 17.1** $5^2 = 25 \equiv 7 \pmod{18}$ より,

$$5^{64} = (5^2)^{32} \equiv 7^{32} \pmod{18}.$$

$7^2 = 49 \equiv -5 \pmod{18}$ より,

$$7^{32} = (7^2)^{16} \equiv (-5)^{16} = 5^{16} \pmod{18}.$$

同様の計算を繰り返すと,

$$5^{16} \equiv 7^8 \equiv (-5)^4 = 5^4 \equiv 7^2 \equiv 13 \pmod{18}.$$

よって, $5^{64} \div 18$ の余りは $13$ である.

**問題 17.2** フェルマーの小定理より, $5^{42} \equiv 1 \pmod{43}$ である. $300 \div 42$ を計算することで, $300 = 42 \times 7 + 6$ である. よって,

$$5^{300} = (5^{42})^7 \times 5^6 \equiv 5^6 \pmod{43}.$$

$5^3 = 125 \equiv -4 \pmod{43}$ より, $5^6 = (5^3)^2 \equiv (-4)^2 = 16 \pmod{43}$ となる. ゆえに $5^{300} \equiv 16 \pmod{43}$ であり, $5^{300} \div 43$ の余りは $16$ となる.

$129$ は $43$ で割り切れるので, $129^{300} \div 43$ の余りは $0$ である. これを間違えた人は, フェルマーの小定理 (第 14 章, 定理 14.4) の適用条件をよく確認すること.

**問題 17.3** 割られる数を

$$1234567891234567 = 1234 \times 10^{12} + 5678 \times 10^8 + 9123 \times 10^4 + 4567 \tag{S.16}$$

と直す. $10^4 \equiv -1 \pmod{10001}$ より, $10^8 = (10^4)^2 \equiv 1 \pmod{10001}$, $10^{12} \equiv -1 \pmod{10001}$ である. これらを式 (S.16) に用いると,

$$1234567891234567 \equiv 1234 \times (-1) + 5678 \times 1 + 9123 \times (-1) + 4567$$

$$= -112 \equiv 9889 \pmod{10001}.$$

ゆえに，求める余りは 9889 である．

**問題 17.4**　$X$ から $Y$ への写像の個数を数える．1 に $a \sim e$ のいずれか，2 に $a \sim e$ のいずれか，3 に $a \sim e$ のいずれかを対応させることにより $X$ から $Y$ への写像ができるので，写像の総数は，$5^3 = 125$ 個となる．

次に，$X$ から $Y$ への単射写像の総数を数える．これは $a \sim e$ から異なる 3 つを取り，それを一列に並べる場合の個数と等しい．よって，単射写像の総数は，${}_5P_3 = 5 \times 4 \times 3 = 60$ 個である．

**問題 17.5**　$X$ から $Y$ への写像は全部で $3^5 = 243$ 個ある．

$X$ から $Y$ への全射の個数を数える．そのため，全射にならないもの，すなわち $|f(X)| < |Y| = 3$ となる写像 $f$ の個数を数える．$f(X) = \{a\}$ となる写像 $f$ は，$f(1) = f(2) = f(3) = f(4) = f(5) = a$ で定まる写像の 1 つに限る．同様に考えることにより，$f(X) = \{b\}, f(X) = \{c\}$ となる写像 $f$ はそれぞれ 1 つずつある．ゆえに，$|f(X)| = 1$ を満たす写像 $f$ は全部で 3 個ある．次に $f(X) = \{a, b\}$ となる写像 $f$ の個数を求める．$f(X) \subset \{a, b\}$ となる写像 $f$ は全部で $2^5 = 32$ 個ある．そのうち，$1 \sim 5$ をすべて $a$ に対応させる写像 $f_1$ と $1 \sim 5$ をすべて $b$ に対応させる写像 $f_2$ は $f_j(X) \subsetneq \{a, b\}(j = 1, 2)$ で，それ以外の写像 $f$ は $f(X) = \{a, b\}$ である．ゆえに，$f(X) = \{a, b\}$ となる写像 $f$ は全部で $32 - 2 = 30$ 個ある．同様にして，$f(X) = \{b, c\}$，$f(X) = \{a, c\}$ となる写像 $f$ はそれぞれ 30 個ずつある．ゆえに，$|f(X)| = 2$ となる写像 $f$ は全部で $30 \times 3 = 90$ 個ある．以上より，$X$ から $Y$ への写像で全射でないものは，$90 + 3 = 93$ 個ある．よって，$X$ から $Y$ への全射写像は全部で $243 - 93 = 150$ 個ある．

**問題 17.6**　$f$ が単射であることを示す．$f(m) = f(n)$ と仮定すると，$2m = 2n$，すなわち $m = n$ である．つまり，「$f(m) = f(n)$ ならば $m = n$」が成り立つ．よって，この対偶命題「$m \neq n$ ならば $f(m) \neq f(n)$」も成り立ち，$f$ は単射である．

$f(n) = 1$ を満たす $n \in \mathbb{Z}$ はないことから，$f$ は全射でない．∎

**問題 17.7**　$f$ が全射であることを証明する．$k \in \mathbb{Z}$ を勝手に取る．このとき，$f(n) = k$ となる $n \in \mathbb{Z}$ が存在することを証明すればよい．$2k$ は偶数だから，

$$f(2k) = \frac{2k}{2} = k.$$

よって，$n = 2k$ とすると $f(n) = k$ が成り立つ．

$f$ の定義から容易に $f(1) = f(2) = 1$ がわかる．これは $f$ が単射でないことを意味する．∎

**問題 18.1**　$X_{12} = \{1, 5, 7, 11\}$.

**問題 18.2**　$\varphi(12) = 4$.

**問題 18.3** 写像 $f : X_m \to X_m$ を式 (18.8) で定める. 補題 18.5 より $f$ は全射であり, $1 \in X_m$ であることに注意すると, $f(n) = 1$ となる $n \in X_m$ が存在する. この $n$ は $r(an) = 1$ を満たし, 合同式 (18.7) より $an \equiv 1 \pmod{m}$ が成り立つ. ∎

(問題 18.3 の別解 1) $\gcd(a, m) = 1$ だから, 定理 7.1 より $ax + my = 1$ は整数解 $(x, y) = (x_0, y_0)$ を持つ. このとき, $ax_0 + my_0 = 1$ だから $ax_0 \equiv 1 \pmod{m}$ であり, 結論を得る.

(問題 18.3 の別解 2) $m$ の値によらず $1 \in X_m$ なので, $\varphi(m)$ は正の整数である. よって, $n = a^{\varphi(m)-1}$ で $n$ を定めると, $n$ は整数である. そして, オイラーの定理より $an = a^{\varphi(m)} \equiv 1 \pmod{m}$ である.

**問題 19.1** まず, 定理 19.1 と定理 19.4 を用いて $\varphi(36)$ を計算する. $36 = 2^2 \times 3^2$ であるから, 定理 19.1 より $\varphi(36) = \varphi(2^2) \times \varphi(3^2)$ である. 定理 19.4 より, $\varphi(2^2) = 2^2 - 2^1 = 2$, $\varphi(3^2) = 3^2 - 3^1 = 6$ より, $\varphi(36) = 2 \times 6 = 12$ である.

定義に従って $\varphi(36)$ を計算する. $a = 1, 2, \ldots, 36$ に対し 1 つずつ $\gcd(a, 36)$ を計算することで,

$$X_{36} = \{1, 5, 7, 11, 13, 17, 19, 23, 25, 29, 31, 35\}$$

となる. よって, $\varphi(36) = |X_{36}| = 12$ であり, 結論が一致する.

最後に $5^{1000}$ を 36 で割った余りを計算する. オイラーの定理より, $5^{\varphi(36)} \equiv 1 \pmod{36}$, つまり,

$$5^{12} \equiv 1 \pmod{36} \tag{S.17}$$

である. $1000 \div 12$ を計算し, $1000 = 12 \times 83 + 4$ である. よって, 指数法則より,

$$5^{1000} = 5^{12 \times 83 + 4} = 5^{12 \times 83} \times 5^4 = (5^{12})^{83} \times 5^4.$$

合同式 (S.17) より,

$$5^{1000} \equiv 1^{83} \times 5^4 = 5^4 \pmod{36}.$$

$5^4 = 625$ であり, これを 36 で割ることで, $5^4 \equiv 13 \pmod{36}$ を得る. ゆえに, $5^{1000} \equiv 13 \pmod{36}$ であり, $5^{1000}$ を 36 で割った余りは 13 である.

**問題 19.2** $1000 = 2^3 \times 5^3$ なので, 定理 19.1 より $\varphi(1000) = \varphi(2^3) \times \varphi(5^3)$ である. 定理 19.4 より, $\varphi(2^3) = 2^3 - 2^2 = 4$, $\varphi(5^3) = 5^3 - 5^2 = 100$ なので, $\varphi(1000) = 4 \times 100 = 400$ である.

**問題 19.3** 1 の正の約数は 1 の 1 つだから, $d(1) = 1$ であり, (MF1) を満たす.

次に, (MF2) を満たすことを見るため, $m$ と $n$ を互いに素な正の整数とし,

$$d(mn) = d(m)d(n) \tag{S.18}$$

を示す. $m = 1$ または $n = 1$ の場合, $d(1) = 1$ より (S.18) が成り立つ. よって, $m \geq 2$ かつ $n \geq 2$ の場合を考える. $m$ と $n$ の素因数分解が

$$m = p_1^{e_1} \times \cdots \times p_r^{e_r}, \quad n = q_1^{f_1} \times \cdots \times q_s^{f_s} \tag{S.19}$$

(ただし, $p_1 \sim p_r$ は異なる素数, $e_1 \sim e_r$ は正の整数であり, $q_1 \sim q_s$ は異なる素数, $f_1 \sim f_s$ は正の整数) となったとする. このとき, $m$ と $n$ は互いに素なので, $q_1, \ldots, q_s$ はいずれも $p_1, \ldots, p_r$ と異なることに注意する. いま, $mn$ の素因数分解は

$$mn = p_1^{e_1} \times \cdots \times p_r^{e_r} \times q_1^{f_1} \times \cdots \times q_s^{f_s}$$

であるから, 系 12.4 より,

$$d(mn) = (e_1 + 1) \times \cdots \times (e_r + 1) \times (f_1 + 1) \times \cdots \times (f_s + 1).$$

一方, (S.19) に注意し, 系 12.4 を用いて,

$$d(m) = (e_1 + 1) \times \cdots \times (e_r + 1), \quad d(n) = (f_1 + 1) \times \cdots \times (f_s + 1).$$

以上より, $m$ と $n$ が互いに素な 2 以上の整数のときも (S.18) が成り立つ. よって, $d(m)$ は (MF2) を満たす.

以上より, $d(m)$ は乗法的関数である. ∎

**問題 21.1**  $\gcd(k, n)$ は $k$ と $mn$ の公約数なので, $\gcd(k, n) \leq \gcd(k, mn)$ である. $k \in X_{mn}$ なので, $\gcd(k, mn) = 1$ であり, $\gcd(k, n) = 1$ を得る. よって, 定理 5.7 より $\gcd(r_n(k), n) = 1$ である. $n \geq 2$ より $r_n(k) \neq 0$ であるので, $r_n(k) \in X_n$ である. ∎

**問題 21.2**  (1) 87 は $1 \leq 87 \leq 187$ を満たす整数なのは明らかなので, $\gcd(87, 187) = 1$ が成り立つことを確認すればよい. 87 の正の約数は 1, 3, 29, 87 であり, 187 の正の約数は 1, 11, 17, 187 である. よって, 87 と 187 の正の公約数は 1 のみであり, $\gcd(87, 187) = 1$ である. ユークリッドの互除法で $\gcd(87, 187) = 1$ を確認してもよい.

(2) $87 \div 11 = 7 \cdots 10$ および $87 \div 17 = 5 \cdots 2$ より, $f(87) = (10, 2)$.

(3) $(x, y) = (-3, 2)$ など.

(4) $5 \in X_{11}$ かつ $11 \in X_{17}$ を確認すればよい. これらは $\gcd(5, 11) = \gcd(11, 17) = 1$ より容易にわかる.

(5) 式 (21.8) で $a = 5$, $b = 11$, $m = 11$, $n = 17$, $s = -3$, $t = 2$ ($s$ と $t$ は (3) で求めた整数解に由来している) と取ると,

$$k' = 11 \times 11 \times (-3) + 5 \times 17 \times 2 = -193$$

である. $k = r_{187}(k') = r_{187}(-193)$ を求めるため, $-193 \div 187$ の余りを計算する. $-193 = 187 \times (-2) + 181$ なので, 余りは 181 であり $k = 181$ である.

検算のため, $181 \div 11$ と $181 \div 17$ を計算すると, 余りはそれぞれ 5, 11 である. よって, 確かに $f(181) = (5, 11)$ である.

**問題 22.1** $C \equiv M^e \pmod{n}$ より, $n \mid (M^e - C)$ である. さらに, $n = pq$ より $p \mid n$ である. ゆえに, 定理 4.10 より $p \mid (M^e - C)$ である. つまり,

$$C \equiv M^e \pmod{p} \tag{S.20}$$

である.

(1) $p \nmid M$ のとき, フェルマーの小定理より,

$$M^{p-1} \equiv 1 \pmod{p} \tag{S.21}$$

である. 一方, $ed \equiv 1 \pmod{\varphi(n)}$ より $ed - 1 = t\varphi(n)$ となる整数 $t$ が存在する. また, このとき $t \geq 0$ であり, $\varphi(n) = (p-1)(q-1)$ なので, $ed = 1 + t(p-1)(q-1)$ である. よって, (S.20) より,

$$C^d \equiv (M^e)^d = M^{ed} = M^{1+t(p-1)(q-1)}$$
$$= M \times (M^{p-1})^{t(q-1)} \pmod{p}.$$

式 (S.21) より,

$$C^d \equiv M \times 1^{t(q-1)} = M \pmod{p}$$

となり, (1) が証明できた.

(2) $p \mid M$ のとき, $M \equiv 0 \pmod{p}$ である. また, (S.20) より, $C \equiv M^e \equiv 0 \pmod{p}$ である. ゆえに, $C^d \equiv 0 \pmod{p}$ である. よって $C^d \equiv M \pmod{p}$ である.

(3) 合同式 (S.20) を導くときと同様の議論により, $C \equiv M^e \pmod{q}$ が得られる. $q \nmid M$ のときはフェルマーの小定理より, $q \mid M$ のときは $M$ および $C^d$ を法 $q$ で計算することで, いずれの場合にも $C^d \equiv M \pmod{q}$ を得る.

(4) (1)~(3) より,

$$p \mid (M - C^d) \text{ かつ } q \mid (M - C^d) \tag{S.22}$$

である. (S.22) の前者より,

$$M - C^d = p\alpha \tag{S.23}$$

となる整数 $\alpha$ が存在する. これを (S.22) の後者に代入して, $q \mid (p\alpha)$ を得る. 系 9.3 より, $q \mid p$ または $q \mid \alpha$ が成り立つが, $p$ と $q$ は異なる素数より $q \mid p$ は成立しない. よって, $q \mid \alpha$ が成り立つ. つまり, $\alpha = q\beta$ となる整数 $\beta$ が存在する. これを (S.23) に代入して,

$$M - C^d = pq\beta = n\beta$$

である. ゆえに, $n \mid (M - C^d)$, つまり $C^d \equiv M \pmod{n}$ を得る. ∎

**問題 A.1** $-24, -12, 0, 12, 24$ など.

**問題 A.2** $\text{lcm}(4,6) = 12$.

**問題 A.3** (左辺)$= 4 \times 6 = 24$ である. 一方, $\text{lcm}(4,6) = 12, \gcd(4,6) = 2$ より, (右辺)$= 12 \times 2 = 24$ である. よって, $a = 4, b = 6$ のとき, 等式 (A.1) が成り立つ.

**問題 A.4** $6! = 720, 10! = 3628800$.

**問題 A.5**    まず, $p = 7$ のとき合同式 (A.13) が成り立つことを見る. 問題 A.4 より $6! = 720$ である. $720 \div 7 = 102 \cdots 6$ より, $720 \equiv 6 \equiv 6 - 7 = -1 \pmod 7$ となり, 合同式 (A.13) が確認できた.

次に, 条件「$p$ は素数である」を外すとどうなるかを考える. $p = 6$ のとき,

$$5! = 5 \cdot 4 \cdot 3 \cdot 2 \cdot 1 = 5 \cdot 4 \cdot 6 \equiv 0 \pmod 6.$$

よって, $p = 6$ のときは合同式 (A.13) は成り立たない.

一般に, $n$ が合成数ならば $(n-1)! \not\equiv -1 \pmod n$ である. 実際, $n$ を合成数とし, $(n-1)! \equiv -1 \pmod n$ が成り立つとすると, $(n-1)!+1$ は $n$ で割り切れる. すなわち,

$$(n-1)! + 1 = nk$$

を満たす整数 $k$ が存在する. いま, $n$ は合成数だから, $1, n$ 以外の $n$ の正の約数 $d$ が存在する. $1 < d < n$ であるから, $(n-1)!$ は $d$ で割り切れる. また, $d$ は $n$ の約数だから, $n$ は $d$ で割り切れる. よって,

$$1 = nk - (n-1)!$$

も $d$ で割り切れる. $1$ は $1$ 以外の正の約数を持たないので矛盾である. よって, $n$ が合成数のとき, $(n-1)! \not\equiv -1 \pmod n$ である. ∎

**問題 A.6**    $28! \div 31$ の余りは 15, $29! \div 31$ の余りは 1, $30! \div 31$ の余りは 30 である.

**問題 A.7**    下の表のとおり:

| $a$ | 1 | 2 | 3 | 4 | 5 | 6 | 7 | 8 | 9 | 10 |
|---|---|---|---|---|---|---|---|---|---|---|
| $\overline{a}$ | 1 | 6 | 4 | 3 | 9 | 2 | 8 | 7 | 5 | 10 |

**問題 A.8**    $X$ と $r$ は問題 A.8 の前で説明したとおりとする. 法 $p$ での $\overline{a}$ の逆元 $\overline{\overline{a}}$ とは,

$$r(\overline{a}n) = 1 \tag{S.24}$$

を満たす $n \in X$ のことであった. また, 問題 A.8 の直前で, このような $n \in X$ は 1 通りに決まることを説明した. いま, $\overline{a}$ は $r(a\overline{a}) = 1$ を満たすものであったので, $n = a(\in X)$ と取れば式 (S.24) を満たす. これは $\overline{\overline{a}} = a$ を意味する.

**問題 A.9**    問題 A.7 より,

$$(2,6), \quad (3,4), \quad (5,9), \quad (7,8)$$

とペアを作ればよい. ペアになったものどうしを掛けると mod11 で 1 と合同なので,

$$10! = 1 \cdot 10 \cdot (2 \cdot 6) \cdot (3 \cdot 4) \cdot (5 \cdot 9) \cdot (7 \cdot 8)$$

$$\equiv 1 \times 10 \equiv -1 \pmod{11}$$

である.

**問題 A.10**    まず, 1234 の 5 進法表示から説明する. $1234 \div 5$ からはじめ, 商を 5 で割ることを繰り返すと,

$$1234 \div 5 = 246 \cdots 4 \tag{S.25}$$

$$246 \div 5 = 49 \cdots 1 \tag{S.26}$$

$$49 \div 5 = 9 \cdots 4 \tag{S.27}$$

$$9 \div 5 = 1 \cdots 4 \tag{S.28}$$

$$1 \div 5 = 0 \cdots 1 \tag{S.29}$$

(S.29) から (S.25) に向かって余りを拾うことで,

$$1234 = 14414_{(5)} = 1 \times 5^4 + 4 \times 5^3 + 4 \times 5^2 + 1 \times 5 + 4$$

を得る.

　割り算の回数が 11 回とかさむが, 1234 の 2 進法表示も同様にして得られる. 結果は,

$$1234 = 10011010010_{(2)}$$
$$= 1 \times 2^{10} + 1 \times 2^7 + 1 \times 2^6 + 1 \times 2^4 + 1 \times 2$$

である.

　2 進法表示については各桁が 0 か 1 のいずれかなので, 以下のように計算してもいいだろう. まず, 1234 を挟む $2^{\square}$ の型の数を探すと $2^{10} \leq 1234 < 2^{11}$ なので,

$$1234 = 2^{10} + (1234 - 2^{10}) = 2^{10} + 210.$$

次に, 210 を挟む $2^{\square}$ の型の数を探すと $2^7 \leq 210 < 2^8$ なので,

$$1234 = 2^{10} + 2^7 + (210 - 2^7) = 2^{10} + 2^7 + 82.$$

$2^6 \leq 82 < 2^7$ なので,

$$1234 = 2^{10} + 2^7 + 2^6 + (82 - 2^6) = 2^{10} + 2^7 + 2^6 + 18.$$

$2^4 \leq 18 < 2^5$ なので,

$$1234 = 2^{10} + 2^7 + 2^6 + 2^4 + (18 - 2^4)$$
$$= 2^{10} + 2^7 + 2^6 + 2^4 + 2.$$

よって, 1234 の 2 進法表示が得られた.

# 文献案内

　本書では，整数の性質を調べる中で，集合や写像の考え方の重要性を説明したつもりである．しかし，集合や写像については，整数を調べるための必要最低限な説明にとどまっている．集合や写像，関連する論理の基礎事項を補う本として，

[1] 嘉田勝『論理と集合から始める数学の基礎』(日本評論社, 2008 年).

[2] 酒井文雄『大学数学の基礎 (数学のかんどころ)』(共立出版, 2011 年).

[3] 和久井道久『大学数学ベーシックトレーニング』(日本評論社, 2013 年).

などが挙げられる．

　本書を執筆するにあたり，初等整数論および RSA 暗号の数学的な部分については下記の書物 [4]–[7] を参考にした．いずれも本書より進んだ内容を含む (特に[5] と [7]) ので，整数論に興味を持たれた方は，

[4] 芹沢正三『素数入門 (ブルーバックス)』(講談社, 2002 年).

[5] ジョセフ・H・シルヴァーマン (鈴木治郎訳)『はじめての数論 (原著第 3
版)』(丸善出版, 2014 年). [和訳最新版は原著第 4 版 (丸善出版, 2022 年)]

[6] 楫元『工科系のための初等整数論入門 (情報数理シリーズ)』(培風館, 2000
年).

[7] 安福悠『発見・予想を積み重ねる―それが整数論』(オーム社, 2016 年).

に進まれたい．

　暗号技術の易しい入門書としては，以下の書物がある．

[8] 結城浩『暗号技術入門 (第 3 版)』(SB クリエイティブ, 2015 年).

# 索　　引

**著者紹介**

赤塚　広隆（あかつか　ひろたか）

2007 年 東京工業大学大学院理工学研究科数学専攻博士課程修了.
現在 小樽商科大学商学部教授. 博士 (理学).
専門 解析的整数論, 特にゼータ関数論.

**基礎数学** ―整数を題材に数学の基本を学ぶ―

| | | |
|---|---|---|
| 2019 年 3 月 20 日 | 第 1 版　第 1 刷 | 発行 |
| 2022 年 2 月 10 日 | 第 1 版　第 3 刷 | 発行 |
| 2024 年 3 月 10 日 | 第 2 版　第 1 刷 | 印刷 |
| 2024 年 3 月 20 日 | 第 2 版　第 1 刷 | 発行 |

著　　者　　赤 塚 広 隆
発 行 者　　発 田 和 子
発 行 所　　株式会社　**学術図書出版社**

〒113−0033　　東京都文京区本郷 5 丁目 4 の 6
TEL 03−3811−0889　　振替　00110−4−28454
印刷　三和印刷 (株)

**定価はカバーに表示してあります.**